U0176859

GUANGDONG-HONG KONG-MACAO GREATER
BAY AREA DESIGN POWER YEARBOOK 2021

粤港澳大湾区
设计力年鉴 2021

吴　琪

舒薇薇

王昱东

主　编

天津大学出版社
TIANJIN UNIVERSITY PRESS

图书在版编目（CIP）数据

粤港澳大湾区设计力年鉴. 2021 / 吴琪，舒薇薇，
王昱东主编. -- 天津：天津大学出版社，2022.8
ISBN 978-7-5618-7294-9

I. ①粤… II. ①吴… ②舒… ③王… III. ①产品设
计－文化产业－广东、香港、澳门－ 2021 －年鉴 IV.
① TB472-54

中国版本图书馆 CIP 数据核字（2022）第 195008 号

书 名	粤港澳大湾区设计力年鉴 2021	
	YUE GANG AO DAWANQU SHEJILI NIANJIAN 2021	
出版发行	天津大学出版社	
地 址	天津市卫津路 92 号天津大学内（邮编：300072）	
电 话	发行部：022-27403647	
网 址	www.tjupress.com.cn	
印 刷	北京盛通印刷股份有限公司	
经 销	全国各地新华书店	
开 本	720mm×1010mm 1/16	
印 张	16.5 印张	
字 数	264 千	
版 次	2022 年 10 月第 1 版	
印 次	2022 年 10 月第 1 次	
定 价	79.00 元	

凡购买书，如有缺页、倒页、脱页等质量问题，烦请与我社发行部们联系调换

版权所有　　侵权必究

顾问

李光宁　李丹阳

主编

吴琪　舒薇薇　王昱东

编委

陈冬亮　高鹏　柳冠中　刘小康　罗燕

孟建国　王敏　王中

宗明明　朱焯信　安雅洁　丰霞　徐斯　陈芳芳　吕靓　李燕玲

指导单位

珠海华发集团

香港设计总会

澳门设计中心

北京歌华文化发展集团有限公司

支持单位

北京国际设计周

珠海国际设计周

珠海市设计中心

课题组

吴　琪　于小芬　徐昊岚　史玺岱　石雨晞
宋云霞　来　慧　陈柏成　朱绮眠　孟睿涵

图书制作

总监：李燕玲

书籍设计：王迎

承制：北京有鸣文化发展有限公司

序 言
PREFACE

2021 年是"十四五"规划的开局之年，粤港澳大湾区建设踏上新征程，一系列相关政策规划陆续出台，进一步推动区域融合，令大湾区的发展提速升温。在此宏观背景下，设计赋能产业，助力大湾区转型升级，推动区域经济高质量发展，一年来取得了丰硕成果。

与此同时，为应对新型冠状病毒肺炎疫情（简称新冠疫情）的影响与复杂多变的国际形势，国家进一步强化调控。这一年，不论是对反垄断的重拳出击，还是"双减"政策与三孩生育政策的出台，都凸显政策导向的作用。在粤港澳大湾区，完善"两廊两点"架构体系，推进综合性国家科学中心的建设，为设计的创新发展指明了方向。

继往开来，在连续两年推出设计力年鉴的基础上，《粤港澳大湾区设计力年鉴 2021》以"珠海设计奖 - 大湾区设计力"大奖为依托，系统梳理并总结了 2021 年粤港澳大湾区设计力的发展，在对获奖人物和获奖项目展开深度访谈和深度解析的基础上，进一步深化关于粤港澳大湾区设计力的研究。

迎百年，开新局。设计关乎民生，设计协同科技，设计传承文化，设计推动创新。一起回首 2021 年，走进大湾区，聚焦设计力，展望未来发展。

目 录
CONTENTS

目 录
CONTENTS

PART

第一篇　总报告

2021 年，粤港澳大湾区的建设取得突破性进展，区域向心力和互联互通明显增强，对外的影响力不断彰显。从宏观环境到产业自身，乃至区域内的不同城市，充分发挥各自的优势，推动大湾区设计整体进入快车道，迈上新台阶。在此，作为开篇，总报告部分首先对大湾区设计一年来的发展形势进行整体回顾。

ONE

DESIGN POWER

1

CHAPTER ONE

第一章

国家战略背景下的
粤港澳大湾区建设

　　粤港澳大湾区的规划是基于国家战略的顶层设计。2021 年是建党 100 周年，也是"十四五"的开局之年，在《粤港澳大湾区发展规划纲要》的基础上，一系列与粤港澳大湾区发展相关的政策规划陆续出台。

　　正所谓升级落地，回顾这一年，系列政策一方面强化了国家战略的引领作用，另一方面也突出了地方执行的可操作性。如此双管齐下，进一步提升了整个区域的战略地位，推动了区域融合，令大湾区建设提速升温，也为大湾区设计力的发展构筑了良好的宏观环境。

第一节 粤港澳大湾区新发展格局

2021 年，粤港澳大湾区迎来新发展格局，宏观政策升级，不断强化顶层设计的引领作用。

一、"十四五"规划纲要为大湾区发展指明方向

年内，《中华人民共和国国民经济和社会发展第十四个五年规划和 2035 年远景目标纲要》（以下简称"十四五"规划纲要）发布，第三十一章第三节中明确提出："加强粤港澳产学研协同发展，完善广深港、广珠澳科技创新走廊和深港河套、粤澳横琴科技创新极点'两廊两点'架构体系，推进综合性国家科学中心建设，便利创新要素跨境流动。加快城际铁路建设，统筹港口和机场功能布局，优化航运和航空资源配置。深化通关模式改革，促进人员、货物、车辆便捷高效流动。扩大内地与港澳专业资格互认范围，深入推进重点领域规则衔接、机制对接。便利港澳青年到大湾区内地城市就学就业创业，打造粤港澳青少年交流精品品牌。""十四五"规划纲要中关于粤港澳大湾区建设的相关内容如图 1-1 所示。

图 1-1 "十四五"规划纲要中关于粤港澳大湾区建设的相关内容

二、区域建设规划推动政策落地

作为国家的顶层设计，在《粤港澳大湾区发展规划纲要》的基础上，"十四五"规划纲要的升级，为大湾区下一步的发展指明了方向。《全面深化前海深港现代服务业合作区改革开放方案》《横琴粤澳深度合作区建设总体方案》以及香港特区行政长官《2021年施政报告》中对于北部都会区的规划的出台，让顶层设计进一步落地，将区域融合、规则衔接、机制对接落到实处。

根据规划，前海深港现代服务业合作区进一步扩大发展空间，面积从14.92平方千米扩展至120.56平方千米，同时加快推动产业用地、产业奖补、金融、法律等政策的覆盖，以此打造全面深化改革创新实验平台，建设高水平对外开放门户枢纽，如图1-2所示。

图1-2 前海合作区方案要点

　　珠海计划建设总面积约为106平方千米的横琴粤澳深度合作区，在"一线"和"二线"之间的海关监管区域分区分类施策管理，建立粤澳共商共建共管共享的新体制，使之成为丰富"一国两制"实践的新示范、促进澳门经济适度多元发展的新平台、推动粤港澳大湾区建设的新高地、便利澳门居民生活就业的新空间，如图1-3所示。

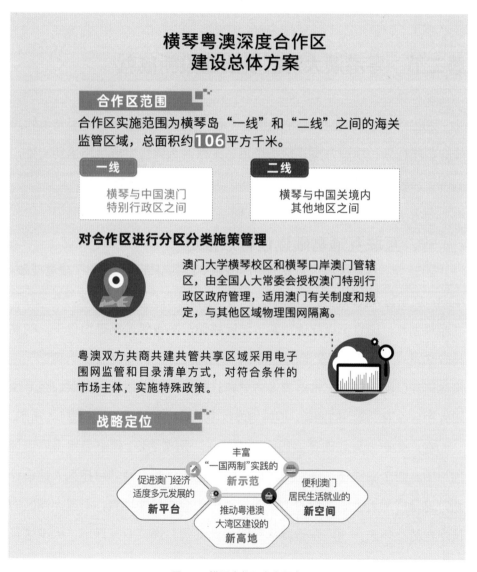

图1-3　横琴合作区方案要点

香港提出在北部建设约 300 平方千米的宜居宜业宜游的都会区，额外开拓约 600 公顷的土地用于住宅和产业用途，帮助香港更好地融入国家发展大局。在规划中，香港政府对空间布局、双城三圈、运输基建先行、增加科创用地、发展产业、开创就业、加强生态文明建设、增加住房用地、强化执行机制等进行了详细部署。按照规划，北部都会区拥有多达 7 个跨境陆路口岸，是香港境内促进港深融合发展和联系粤港澳大湾区最重要的地区。

第二节　粤港澳大湾区发展建设新成就

2021 年，广东省和下辖各市及香港、澳门两地相继出台了一系列具体的实施规划和建设方案，这些举措将国家的大湾区发展战略落到实处，取得了显著的成就，上下齐心，共同构筑湾区发展的良好环境。

一、互联互通基础建设有效推进

2021 年，作为大湾区新发展格局战略支点的基础建设取得了显著成效。年内，广东省人民政府办公厅印发了《广东省综合交通运输体系"十四五"发展规划》，确立了以高速铁路、城际铁路、高等级公路等为骨干，构建高效联通的大湾区快速交通网。其中，明确提出打造"轨道上的大湾区"，推动形成公路、铁路、水路等多方式跨江通道集群，以及研究深圳经港珠澳大桥至珠海、澳门的通道，更好地发挥港珠澳大桥的作用，如图 1-4 所示。

在广州市发展和改革委员会公布的《广州市 2021 年重点建设项目计划》中，四个串联穗、佛、莞、珠、中的城际轨道交通项目被列入建设计划，这是广州大手笔谋划的 160 千米时速的全国最快地铁，彰显大湾区的技术优势。年末，《广东省城际铁路设计细则》通过专家评审，大湾区互联互通进一步提速。

随着广深港高速铁路香港段、港珠澳大桥、莲塘／香园围口岸三项重大跨境基建的完成，香港进一步融入大湾区"一小时生活圈"。而年内北部都会区的规划出台，双城三圈（双城——香港和深圳；三圈——深圳湾优质发展圈、港深紧密互动圈、大鹏湾—印洲塘生态康乐旅游圈）概念的提出则为深港优势互补、协同发展提供了技术路线图。

构建高效联通的大湾区快速交通网

以强化极点联系、联通珠江口两岸、连接内地与港澳为重点，构建以高速铁路、城际铁路、高等级公路为骨干的大湾区快速交通网。

打造"轨道上的大湾区"

建设广深、广珠快捷走廊；构建佛山经广州至东莞城际、佛肇城际－佛莞城际－莞惠城际、肇顺南城际－中南虎城际－塘厦至龙岗城际等3条横向铁路通道。全面推动轨道交通多网融合。

推动形成公路、铁路、水路等多方式跨江通道集群

加快深中通道、黄茅海跨海通道、狮子洋通道、莲花山通道等公路通道建设。

实现内地与港澳更便捷联通

提升香港与深圳、珠海与澳门联通水平。

图1-4　《广东综合交通运输体系"十四五"发展规划》要点

二、互联互通软环境取得多项成果

在基础建设之外，2021年，粤港澳大湾区互联互通的软环境建设也取得了多项成果。广东省积极推进"湾区通"工程，其中"湾区通办"方便企业登记注册；23个领域70项"湾区标准"衔接粤港澳三地规则；"人才通"工程涉及金融、税务、建筑、规划及文化旅游、医疗卫生、律师、会计等领域的港澳专业人才，享跨境执业便利；在防疫领域，正在稳步推进"粤康码"与香港"港康码"对接，实现粤澳健康码互认互通。

2021年9月，中国人民银行、香港特区政府、澳门特区政府和广东省政府联合举办粤港澳大湾区"跨境理财通"启动仪式，同时发布了《粤港澳

大湾区"跨境理财通"业务试点实施细则》（以下简称《实施细则》），内容涉及银行展业条件、业务报备材料及流程、投资者条件、"北向通"业务和"南向通"业务，《实施细则》为大湾区内地及港澳居民个人跨境投资开辟了新的通道，如图1-5所示。

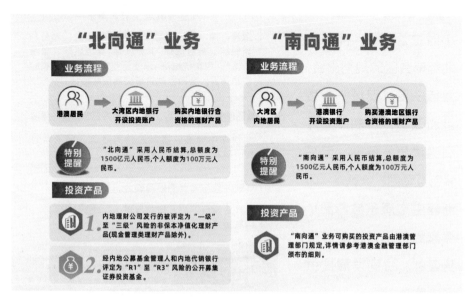

图1-5 粤港澳大湾区"跨境理财通"业务要点

2021年年末，珠海发布了《便利港澳居民在珠海发展60项措施》，涵盖港澳居民在珠海居住生活、就学就业创业、科技创新合作、经贸交流合作、社会文化教育交流等五方面的内容，具有很强的便利性和可操作性。

事实上，除了《便利港澳居民在珠海发展60项措施》，2021年3月，《中共广东省委 广东省人民政府关于支持珠海建设新时代中国特色社会主义现代化国际化经济特区的意见》发布，进一步明确了珠海的战略定位，推动珠海经济特区升级。年末，横琴粤澳深度合作区面向全球征集城市设计方案。而在年中，广州对坐落于南沙南端万顷沙区域的粤港澳创新合作示范区也开展了城市设计国际竞赛。可以说，从蓝图规划到落地实施，大湾区建设正热火朝天、步履不停地进行着。

2

CHAPTER
TWO

第二章

大湾区设计：
使命与任务

《粤港澳大湾区发展规划纲要》提出了湾区发展的五个战略定位：充满活力的世界级城市群、具有全球影响力的国际科技创新中心、"一带一路"建设的重要支撑、内地与港澳深度合作示范区、宜居宜业宜游的优质生活圈。服务于这五大战略定位，是大湾区设计力发展的使命与任务。

第一节　大湾区设计与城市群建设

建设粤港澳大湾区是国家战略，是推动全面改革开放新格局的重要举措。受惠于政策红利，当下的大湾区正处在从国家级城市群向世界级城市群转型升级的战略窗口期。

一、以创新驱动高质量发展

2021 年，《中华人民共和国国民经济和社会发展第十四个五年规划和 2035 年远景目标纲要》发布，第三十章第二节中明确提出，以中心城市和城市群等经济发展优势区域为重点，增强经济和人口承载能力，带动全国经济效率整体提升。以京津冀、长三角、粤港澳大湾区为重点，提升创新策源能力和全球资源配置能力，加快打造引领高质量发展的第一梯队。

由此可见，从单纯追求国内生产总值（Gross Domestic Product, GDP）增长转向注重经济发展质量，创新成为破解增长与发展问题的关键，也成为驱动城市群建设的根本动力。而透过设计的视角来看创新，它包含与设计交叉融合的社会、经济、科技、文化、城市、消费、生活等诸多领域；它不再是简单的风格变化或者美学趋势的更迭，而是这个变革时代的底层逻辑。

二、以设计为城市谋福祉

本年度，珠海国际设计周以"幸福城市：设计、科技与生活"为主题，邀请多位国内外知名城市管理者、运营者、规划专家、设计学者，围绕城市设计展开多维度的讨论，如图 2-1 所示。

图 2-1 2021 年珠海国际设计周主题——幸福城市：设计、科技与生活

1. 高歌猛进的城市化浪潮

当今世界正经历前所未有的城市化浪潮。根据联合国人居署的数据，1950 年，全世界只有 7.51 亿人口居住在城镇，城市化率为 30%，纽约是当时世界上唯一人口超千万人的城市。而经历了近 70 年的发展，到 2018 年，全球城市人口激增，达到 42 亿人，城市人口比例为 55.3%，千万人口的城市数量跃升为 33 座。预计到 2030 年，将有 60.4% 的人口居住在城镇或者城市地区，人口超千万人的超大型城市将达到 43 座。（表 2-1）

表 2-1 世界城市人口比重分配和预测[1]

人口数量（万人）	2018 年		2030 年（预测）	
	城市数量（座）	人口占比（%）	城市数量（座）	人口占比（%）
1000 及以上	33	6.9	43	8.8
500~1000	48	4.3	66	5.2
100~500	467	12.1	597	13.8
50~100	598	5.4	710	5.8
50 以下	—	26.5	—	26.8

———————————

[1] 数据来源：联合国 "The World's Cities in 2018"，由本课题组整理并制表。

从全球来看，北美是城市化程度最高的地区，2018 年有 82% 的人口在城市居住。而亚洲除新加坡这种比较特殊的城市化率达到 100% 的国家外，整体的城市化率相对较低，仅为 50% 左右。但是，亚洲在绝对人口数量上更胜一筹，拥有全球 54% 的城市人口。

事实上，亚洲也是近几十年来城市化浪潮中的主力，新增的城市人口高度集中在几个重点国家，如印度、中国、孟加拉国等。从全球范围来看，2018 年人口排名前 10 位的城市，主要来自亚洲、非洲和南美洲的发展中国家。其中，拥有 3700 万居民的日本东京是人口最多的城市，但是预计到 2030 年，印度的德里有望超过东京，成为全球人口最多的城市。而来自非洲刚果民主共和国的金沙萨预计将在 2030 年超过日本的大阪，跻身前 10 位。世界城市人口排名前 10 位见表 2-2。

表 2-2　世界城市人口排名（前 10 位）[①]

排名	2018 年		2030 年（预测）	
	城市	人口数量（万人）	城市	人口数量（万人）
1	东京（日本）	3747	德里（印度）	3894
2	德里（印度）	2851	东京（日本）	3657
3	上海（中国）	2558	上海（中国）	3287
4	圣保罗（巴西）	2165	达卡（孟加拉国）	2807
5	墨西哥城（墨西哥）	2158	开罗（埃及）	2552
6	开罗（埃及）	2008	孟买（印度）	2458
7	孟买（印度）	1998	北京（中国）	2428
8	北京（中国）	1962	墨西哥城（墨西哥）	2411
9	达卡（孟加拉国）	1958	圣保罗（巴西）	2382
10	大阪（日本）	1928	金沙萨（刚果民主共和国）	2191

[①] 数据来源：联合国 "The World's Cities in 2018"，由本课题组整理并制表。

2. 形势严峻的城市问题

势不可挡的城市化进程以及全球人口增长，给经济、社会和环境层面带来了严峻的挑战。特别是一些城市化进程发展很快的低收入和中低收入国家，其基础设施落后，贫困和失业加剧，安全和犯罪问题突出，疲于应对天灾人祸和气候变化，城市正经受着前所未有的压力。

事实上，放眼全球，城市人口比例不断攀升，人类社会普遍面临着一系列城市问题，如住宅问题、道路交通问题、市政设施问题、就业与社会保障问题、公共卫生问题、食品安全问题、污染与生态问题等。所以，能否采取合理的城市增长管理策略，能否有效地利用设计与城市规划解决诸多问题，成为能否实现联合国 2030 年可持续发展目标的关键。

3. 可持续的城市发展观

2030 年可持续发展目标（Sustainable Development Goals, SDGs）由联合国在 2015 年发起，并经所有会员国一致通过，共包含 17 项具体的目标（图 2-2），旨在呼吁全世界共同采取行动，在促进经济繁荣的同时保护地球，维护人类世界的和谐发展。

图 2-2 联合国 2030 年可持续发展目标

联合国的可持续发展目标为世界城市建设指明了方向，从城市整体生态的角度将社会问题的解决、就业与经济增长、生态治理与环境改善结合在一起，涵盖经济与社会的可持续发展、人口与环境的可持续发展等一系列目标。

而以设计为城市谋福祉，就是要坚持可持续的城市发展观，统筹规划，协同共进。在消除贫穷、饥饿的前提下，谋求良好健康与优质教育，推进性别平等，减少区域内与区域间的不平等。同时，将经济问题与能源问题、环境问题进行通盘考虑：依靠产业、创新和基础建设，发展经济适用的清洁能源，推动体面工作和经济增长，维护清洁饮水和卫生设施，保护水下生物和陆地生物；以负责任的生产和消费行动应对气候变化及其影响。最终通过创建可持续城市和社区，实现和平、包容的社会，重振可持续发展的全球伙伴关系。

从粤港澳大湾区的情况（图 2-3）来看，区域内的 11 个城市，有 3 座人口超千万人的超大型城市——广州、深圳、东莞；人口在 500 万～1000 万人的特大城市有 3 座——佛山、香港、惠州；另有 4 座人口在 100 万～500 万人

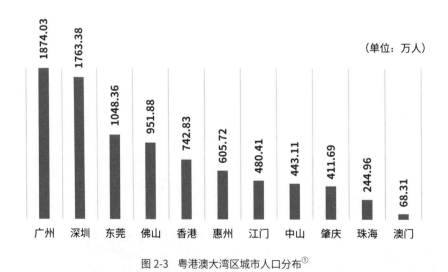

图 2-3 粤港澳大湾区城市人口分布①

---

① 数据来源：《2021 广东统计年鉴》，由本课题组整理并制图。

的大城市——江门、中山、肇庆、珠海（前面 3 座城市正在逼近 500 万人的人口大关）；1 座人口在 50 万 ~ 100 万人的中型城市——澳门，由此形成城市梯队。

这样一个人口超八千万人，且不断增长扩张的城市群，必然也面临很多城市的共性问题。如何在促进经济增长、保持就业的同时，解决教育、卫生、社会公平等层面的需求，遏制气候变化和保护环境？可以说，大湾区是中国，乃至世界范围内，破解城市问题的试验场。

2021 年，广州市向联合国提交了为实现联合国 2030 年可持续发展目标的地方自愿陈述报告（Voluntary Local Reviews，VLR）。这份报告名为《活力 包容 开放 特大城市的绿色发展之路——联合国可持续发展目标广州地方自愿陈述报告》，被联合国官网"可持续发展目标"专栏全文发布，这也是联合国网站首次登出中国城市提交的地方自愿陈述报告。

综合来看，可持续发展是全球治理的重要共识。一向挺立潮头、开风气之先的粤港澳大湾区，正在积极探索可持续城市的发展之路，特别是从区域协调发展的角度进行统筹规划与建设。作为中国经济最发达的地区之一，粤港澳大湾区也集聚了顶尖的设计人才与企业，相信依托强大的经济与科技实力，基于全球化的视野与深厚的传统文化底蕴，这个充满活力的城市群必将为世界城市化发展进程提供一个可持续发展的中国方案。

三、以科技助力未来城市转型

当下，数字技术成为工业时代向信息时代转化的底层基建。世界各主要城市也在积极启动城市的智慧化转型。运用人工智能、大数据等科技手段解决多种城市问题，不仅提升了城市管理水平，令城市居民享受便捷服务，而且有效地支持了城市的经济建设，推动了产业转型。

同时，城市数字化不是简单的信息化问题，从智慧城市最基础的信息获取、分类存储、自动处理到高度智能化的识别应用，乃至虚拟现实的结合，这是一系列综合工程，涉及城市的政府治理、经济管理、社会生态、规划统计等，包含着政府管理决策与服务的方方面面。所以，智慧城市建设离不开设计，需要统筹推进，打造数字基础设施，建设城市智能生态。

此外，面对百年未有之大变局，抓住数字红利，转型智慧城市，也是对城市产业的升级。城市本身自带人口、资金、产业资源的集聚效应。而当今以新材料、新能源、生物工程与基因技术、人工智能机器人与自动化技术为代表的高新技术产业正在重构全球经济，它们与智慧城市建设互为依托，成为新一轮产业革命的引擎。

第二节　大湾区设计与国际科技创新中心建设

2018 年 4 月 19 日，《科技日报》头版头条强势推出专栏"亟待攻克的核心技术"，开篇以"是什么卡了我们的脖子"为引题，直面中国关键核心技术仍受制于人的现状。由此专栏的系列报道，《科技日报》梳理了中国被"卡脖子"的 35 项关键技术，如表 2-3 所示。

表 2-3　中国亟待攻克的核心技术（35 项卡脖子技术清单）[①]

光刻机	iCLIP 技术[②]	核心算法	高压共轨系统	锂电池隔膜
芯片	重型燃气轮机	航空钢材	透射式电镜	医学影像设备元器件
操作系统	激光雷达	铣刀	掘进机主轴承	超精密抛光工艺
航空发动机短舱	适航标准	高端轴承钢	微球	环氧树脂
触觉传感器	高端电容电阻	高压柱塞泵	水下连接器	高强度不锈钢
真空蒸镀机	核心工业软件	航空设计软件	燃料电池关键材料	数据库管理系统
手机射频器件	ITO 靶材[③]	光刻胶	高端焊接电源	扫描电镜

[①] 资料来源：《科技日报》的系列报道，由本课题组整理。
[②] iCLIP 技术即 individual-nucleotide resolution UV cross-linking and immunoprecipitation 单碱基分辨率水平的交联免疫沉淀，是创新药物研发的关键实验技术。
[③] ITO 靶材即 Indium Tin Oxides，指纳米级铟锡金属氧化物靶材。

为攻克这些关键技术的壁垒，中国近年来加大对科研经费的投入，积极建设重大科技创新平台。这其中，粤港澳大湾区被国家寄予厚望，正努力打造具有全球影响力的国际科技创新中心及综合性国家科学中心。

一、国家政策引领科技创新中心升级

2021 年，《中华人民共和国国民经济和社会发展第十四个五年规划和2035 年远景目标纲要》发布，第四章第四节中明确提出，支持北京、上海、粤港澳大湾区形成国际科技创新中心，建设北京怀柔、上海张江、大湾区、安徽合肥综合性国家科学中心，支持有条件的地方建设区域科技创新中心。在第三十一章第三节中又进一步强调，加强粤港澳产学研协同发展，完善广深港、广珠澳科技创新走廊和深港河套、粤澳横琴科技创新极点"两廊两点"架构体系，推进综合性国家科学中心建设，便利创新要素跨境流动。

从国际科技创新中心到综合性国家科学中心，这次战略升级，体现出国家层面对提升中国基础研究水平，强化原始创新能力的重视。不同于另外三个以城市下辖区域或单独城市组成的国家科学中心，粤港澳大湾区是城市群，区域面积大，又有着创新要素跨境流动的便利性，极具发展潜力。

二、共建模式推动科技创新中心快速发展

综合性国家科学中心是国家在科技领域竞争的重要平台，也是国家创新体系建设的基础平台。它的建立，有助于汇聚世界一流科学家，突破一批重大科学难题和前沿科技瓶颈。

据联合国世界知识产权组织（World Intellectual Property Organization，WIPO）发布的《2021 年全球创新指数报告》（全球创新指数即 Global Innovation Index，GII），中国在经济体中的排名较 2020 年上升两位，超过日本，居第 12 位，而在城市群的排名中，"深圳 - 香港 - 广州"继续排

在第 2 位，见表 2-4。该报告也高度评价了中国在创新方面取得的进步，并强调了政府决策和激励措施对促进创新的重要性。

表 2-4　2021 年全球创新指数排行榜（前 15 名）[①]

排名	经济体（Economy）	城市群（Cluster）
1	瑞士	东京 - 横滨
2	瑞典	深圳 - 香港 - 广州
3	美国	北京
4	英国	首尔
5	韩国	旧金山 - 圣何塞
6	荷兰	大阪 - 神户 - 京都
7	芬兰	波士顿
8	新加坡	上海
9	丹麦	纽约
10	德国	巴黎
11	法国	圣地亚哥
12	中国	名古屋
13	日本	洛杉矶
14	以色列	华盛顿 - 巴尔的摩
15	加拿大	伦敦

由此可见，粤港澳大湾区国际科技创新中心的地位已经逐步取得海内外的认同，而建设综合性国家科学中心则充分发挥了共建模式的优势。如广州市与中国科学院共建的广州南沙科学城，广东省政府、广州市政府与清华大学共建的粤港澳大湾区国家技术创新中心；再如以哈尔滨工业大学（深圳）为依托，由北京大学深圳研究生院、清华大学深圳国际研究生院、中国科学院深圳先进技术研究院等高校、科研院所和华为、中兴通讯、腾讯、中国移动、中国电信、中国联通等高科技企业共建的鹏城实验室。

---

① 数据来源：《2021 年全球创新指数报告》，由本课题组整理。

2021 年 5 月，由钟南山院士领衔的广州实验室在生物岛重磅揭牌，致力打造具有全球影响力的防控突发性公共卫生事件的大型综合性研究基地和原始创新策源地。此外，年度内，5G 中高频器件国家制造业创新中心、天然气水合物勘查开发国家工程研究中心获批建设，散裂中子源二期等国家重大科技基础设施获批布局，粤港澳大湾区综合性国家科学中心建设成果显著。

2021 年 12 月 11—13 日，大湾区科学论坛在广州举行。本次论坛汇聚了诺贝尔奖得主以及超百名国内外院士、专家，突显了粤港澳大湾区集聚全球高端科研创新资源的优势。

综合来看，粤港澳三地不断提升创新能力，打造开放创新环境，共建合作模式助推大湾区建设世界级重大科技基础设施集群和一批前沿交叉研究平台，携手推进大湾区建设综合性国家科学中心。

第三节　大湾区设计与优质生活圈构建

"幸福城市"可以说是 2021 年珠海国际设计周的关键词，本次设计周从设计＋科技助力幸福城市建设的角度展开研讨，共同探索"明日城市"。由此汇聚众多专家、学者、一线设计师的力量，为城市发展把脉，也为大湾区勾勒出优质生活圈的理想形态。

一、以人为本构建优质生活圈

随着全球范围城市化进程的加快，人类的生活方式、空间尺度、交往形态也发生了根本性的改变。车水马龙的道路，拔地而起的高楼，纵横交织的地下铁道，成为展示城市组织运营能力和经济科技实力的重要表现。

但是，就像国内著名学者柳冠中教授在本次论坛上的观点："城市不是建筑，城市是人的聚集，是公共的空间，是人和人之间的互动，是家与家、社区与社区之间的互相连接。"尽管建筑景观、道路桥梁、公共设施常常被视为城市的标志，但是这一切最终要服务于城市中的人，要回归到生活的层面。

所以，对城市的理解，不应拘泥于物理空间，局限于物的层面。按照柳教授的说法，这些是"硬系统"，只体现健康、安全、便利，是"软系统"的载体。太关注载体，会忽略"软系统"。那些看不见的市民精神、服务效率、文化氛围，是城市的认同、依恋、智慧和情怀的折射，是升华的"软系统"。

为此，柳教授提出，生长型的规划设计对城市发展十分重要。人们可以轻而易举地建造新的高楼，但是无法移植那种自然而然形成的街道和社区当中所蕴含的城市活力。城市就像大自然的生态系统一样，是由许多细微而且复杂的关系所组成的，尽管常常有着混乱的表象，但是借由彼此的互动，共同形成了庞大的社区邻里关系。这一切不是被规划出来的，而是富有弹性、自由生长出来的，这才是一个有灵魂的、合作的城市街区。

所以，城市设计规划要回归人的尺度、家的尺度、生活的尺度，而不是神的尺度、王权的尺度。城市要发展，最终还是离不开城市中的人，所以规划设计要把人放在首位，这样才能打造有灵魂的空间，让城市形成令人喜欢的氛围，是一个有呼吸、活着的城市。

同时，柳教授还提出，城市建设也应该是一项以人为本的民生工程，要发挥公众的主人翁精神，强调公众是城市发展的监督者、检验者。所以衡量一个城市的先进程度，要以城市公众的参与度和满意度为尺子，这才是城市建设的根本，要让每一个置身城市的人都能切身感受到幸福和舒适。

二、以生态建设重构城市关系

说到生态建设，常规的思路大多是将视线集中在远离城市的高山草甸，湿地湖泊，这其实是工业时代城市与自然二元对立的旧思维。而随着后工业时代的降临以及城市化进程的加快，生态建设被引入城市的设计规划中。所谓人们对美好生活日益增长的需求，也包含了生态方面的诉求，这也是优质生活圈必不可少的内涵。

具体说来，城市生态建设，不是简单的城市绿化或者景观，也不是单纯的城市污染治理。目前，全球在应对气候变化方面达成了2030年的碳达峰协议，中国作为负责任的大国，也制订了自己的双碳行动计划。而粤港澳大湾区作为改革开放的先行示范区，在这方面势必发挥表率作用。

2021年，广东省制定了《广东省生态文明建设"十四五"规划》（图2-4），粤港澳大湾区被寄予厚望，委以重任。除了在加强温室气体排放控制，落实分区域、差异化的低碳发展路线图中，珠三角城市碳排放要率先达峰，并开展低碳试点示范外，粤港澳大湾区在碳市场建设和绿色金融方面的重要性尤其突出。

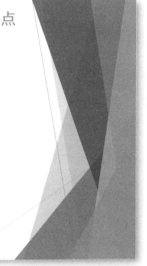

《广东省生态文明建设"十四五"规划》要点

▶ 到2035年世界一流美丽大湾区基本建成

▶ 推动碳达峰与低碳试点

▶ 探索粤港澳大湾区碳市场建设

▶ 推进粤港澳清洁生产伙伴计划

▶ 积极发展绿色产业、绿色技术创新和绿色金融

▶ 推动珠三角核心区优化发展

▶ 加快建设大湾区岭南魅力碧道网

图2-4　《广东省生态文明建设"十四五"规划》要点

按照《广东省生态文明建设"十四五"规划》，粤港澳大湾区要开展碳市场体系建设可行性研究，推动碳市场建设，推进碳普惠交流合作，探索制定粤港澳大湾区绿色低碳发展评价指标体系并定期评价。同时，在发展绿色产业，推进绿色技术创新，培育清洁生产产业的过程中，大湾区还要培育清洁生产伙伴计划，构建清洁生产融资体系，积极发展绿色金融，如图 2-5 所示。

绿色金融

▶ 发挥广东省环境权益交易所，广州期货交易所和广州、深圳碳排放交易所的平台功能，搭建粤港澳大湾区环境权益交易与金融服务平台，推动碳排放交易外汇试点。

▶ 推进绿色技术转移转化，加快粤港澳大湾区绿色技术银行筹建工作。

▶ 鼓励企业利用港澳平台为绿色项目融资及认证。

▶ 支持广东地方法人金融机构在香港、澳门发行绿色金融债券及其他绿色金融产品，募集资金用于支持粤港澳大湾区绿色企业、项目。

图 2-5 粤港澳大湾区建设绿色金融规划要点

以城市设计规划为引领，以技术、资金为保障，粤港澳大湾区的城市生态建设走在了前列，也由此打开了城市与产业、经济与生态共建的新格局。其中，珠海作为国家生态文明建设示范城市，始终坚持"生态优先"的发展策略，为生态城市建设提供了一个良好的范本。

山海相拥，陆岛相望。作为粤港澳大湾区生态环境最好、土地开发强度最小的城市之一，珠海从发展之初，就制定了准入门槛，出台"八个不准"，拒绝污染企业，坚持走经济建设与环境保护双赢的绿色发展之路。

如今，珠海的生态优势、绿色福利吸纳了众多高新技术企业和高端制造企业的入驻。为此，珠海提出要加快培育以集成电路、生物医药、新材料、新能源、高端打印设备为重点的五个千亿元级产业集群。

综合来看，要高质量发展，开创高品质生活的新格局，就要积极开展城市生态建设。除了前面提到的落实"双碳"行动、发展绿色产业，在粤港澳大湾区，加强水环境综合治理、注重保护城市生物多样性、恢复城市生态系统、提升整个城市生态系统的韧性，近年来也取得了一定成效。

2021 年，生态环境部与广东省签署共建国际一流美丽湾区合作框架协议，协同推进经济高质量发展和生态环境高水平保护，全面深化生态环境领域的改革创新，探索建立与国际接轨的生态环境管理和评价体系，从打造大气污染防治先行区、水生态环境治理修复样板区、一流美丽海湾、共建粤港澳生态环境科学中心等方面开展具体合作。

从广州白云山的"还绿于民"工程、海岸带生态修复工程、海珠湿地品质提升和生物多样性保护修复工程，到深圳率先打造人与自然和谐共生的美丽中国典范，再到珠海的公园之城建设，"千里绿廊""万里碧道"，粤港澳大湾区正在以生态建设恢复城市生物多样性。它改变了过去从绿化到环保的工作思路，而是以全面推行绿色发展方式和生活方式，让自然的生态回归城市。这不仅重构了人与自然的关系，也重构了城市与产业的关系。将生态发展写进城市的基因，探索人与自然和谐共生，粤港澳大湾区为美丽中国建设做出了积极的探索与示范，也为优质生活圈构建了良好的发展生态。

三、以文化底蕴塑造城市气质

我国著名的城市品牌与形象研究专家丁俊杰教授曾经提出，千篇一律的城市景观是没有灵魂的城市形象，文化才是城市最大的不动产。在今天的城市建设中，文化决定了城市的命运，而不是城市决定文化的命运。

在粤港澳大湾区，经济的发展日益紧密联结，互联互通打造"一小时都市圈"的步伐也在加快，但城市的文化建设应该走出一体化思路。因为文化是多元的，每一个国家、每一个城市乃至每一个村镇都有自己独特的文化。

1982 年，根据北京大学侯仁之教授、城市规划专家郑孝燮先生和故宫博物院古建与明清史专家单士元先生的提议，我国推出了"历史文化名城"的保护机制，并公布了第一批入选国家历史文化名城的名单。此后，国家又在 1986 年、1994 年陆续发布了第二批和第三批名单，并逐年少量增补。至 2021 年末，累计已有 139 个国家级历史文化名城[1]。其中，以岭南文化为特色的大湾区城市群，坐拥 5 座国家级历史文化名城（表2-5），可谓人文荟萃。

表 2-5　粤港澳大湾区国家级历史文化名城清单[2]

批次 / 年份	入选城市
第一批 24 座（1982 年公布）	广州
第二批 38 座（1986 年公布）	一
第三批 37 座（1994 年公布）	肇庆、佛山
2011 年增补	中山
2015 年增补	惠州

除了珠三角的 5 座国家级历史文化名城，香港与澳门也有丰厚的文化积淀，拥有各自独特的城市气质。以岭南建筑、广东音乐、地方戏曲、龙舟醒狮等为代表的特色风貌建筑和艺术民俗，也为大湾区打造差异化的城市形象、建设优质生活圈积淀了厚重的文化底蕴。

---

[1] 琼山和海口分别申报，在名单中是两个城市，但在中华人民共和国住房和城乡建设部、国家文物局和海口市的统计中视作一处。
[2] 数据来源：本课题组综合整理。

因此，粤港澳大湾区的城市群建设要探索一条新路，走出千城一面的窠臼，着力塑造"和而不同"的城市气质；要将设计创意与科技创新、文化创新融合起来，通过盘活自身的文化资产，充分发挥城市的地域特色，形成与经济实力相匹配的文化优势。

第四节　大湾区设计与文旅融合发展

设计是推动文旅产业发展的重要力量。在粤港澳大湾区，随着现代服务业的崛起，新文旅产业备受瞩目。

一、以发展规划为指导

为推进落实《粤港澳大湾区发展规划纲要》，深化粤港澳大湾区在文化和旅游领域的合作，2020 年年底，文化和旅游部、粤港澳大湾区建设领导小组办公室、广东省人民政府联合印发《粤港澳大湾区文化和旅游发展规划》（以下简称《规划》），为共建人文湾区、构建休闲湾区，制定指导思想、原则和发展目标。

同时，《规划》还以专栏（表 2-6）形式对粤港澳大湾区的文化和旅游资源进行梳理盘点，并对各项事业的发展提供具体的指导意见，如在健全现代文化产业体系中，提到支持香港、澳门发展文化创意产业；支持深圳引进世界高端创意设计资源，大力发展时尚产业；支持广州发展创意设计产业集群；扶持珠海、佛山文化演艺产业成长；支持东莞与中山发展出口导向型文化制造业；支持江门、肇庆和惠州利用文化遗产资源，提升旅游目的地的文化内涵。

表 2-6 《粤港澳大湾区文化和旅游发展规划》专栏[①]

专栏编号	专栏内容	下设项目数
专栏 1	粤港澳大湾区文化遗产保护传承工程	3
专栏 2	粤港澳大湾区青少年交流重点项目	3
专栏 3	粤港澳大湾区重点艺术交流活动	4
专栏 4	粤港澳大湾区公共文化设施建设重点项目	3
专栏 5	粤港澳大湾区文化产业园区和展会项目	4
专栏 6	粤港澳大湾区文化协同发展平台	3
专栏 7	粤港澳大湾区特色旅游产品	3
专栏 8	粤港澳大湾区特色旅游项目	3
专栏 9	粤港澳大湾区滨海旅游重点建设项目	3
专栏 10	粤港澳大湾区旅游资源推介平台	3
专栏 11	粤港澳大湾区旅游人才培养	1

二、以文化产业促进发展

文创产业是新文旅的重要支柱，是以文化为核心，以创新运营为载体的产业，凸显创意引领的作用。同时，它也是经济发展到一定阶段，寻求产业突破和增长的新引擎，它将创意、科技与资本结合到一起，实现文化和经济的融合发展。在这方面，粤港澳大湾区有着较强的实力和基础。

① 数据来源：《粤港澳大湾区文化和旅游发展规划》，本课题组综合整理。

例如，在文化产业园区方面，《规划》就曾提出支持香港 PMQ 元创坊、澳门设计中心、深圳华侨城创意产业园、羊城创意产业园、广州北京路文化核心区、T.I.T 文创园、1850 文创园、江门（塘口）江澳青年文创小镇、肇庆鼎湖（港澳）文创小镇等基础和发展前景较好的文化产业园区提升质量和打造品牌，支持粤港澳大湾区建设国家级文化产业示范园区基地。

同时，粤港澳大湾区也拥有不少文化展会和创意发展项目。从国际范围来看，各种展会、展演、赛事、活动不仅给城市带来旅游收入，也是产业交易的重头大戏。例如，戛纳电影节不仅是世界三大电影节之一，也是全球电影产业最主要的交易市场。每年戛纳电影节期间，都会有来自世界各地的上万家片商、发行商前往参展洽谈，有上千部电影在戛纳进行产业放映，完成发行和版权交易。这给戛纳这个静谧的海滨小城，带来了世人瞩目的荣耀与可观的收入。再如，英国的爱丁堡以戏剧节、艺术节闻名，这里也成为重要的文化交流、产业交易聚集地，由此推动了城市面貌焕新以及城市产业变革。所以设计之都、历史文化名城，各种形形色色的名头，最终不是为了光鲜热闹，而是要依靠沟通交流，搭建文创产业的大平台，以此激发城市活力，建构城市的创意生态系统，塑造城市核心竞争力。

在这方面，粤港澳大湾区已经具备一定的积淀。《规划》也提出支持中国（深圳）国际文化产业博览交易会、中国（广州）文化产业交易会、广州国际艺术博览会、粤港澳大湾区公共文化和旅游产品（东莞）采购会等展览展会提质增效；支持香港通过国际影视展、香港书展和设计营商周等活动，巩固创意之都地位；推进广州国际纪录片节、深圳全球创意设计大奖赛与设计展、澳门塔石艺墟等文化创意展会活动创新发展。

三、以社交流量带动运营

社交媒体时代下，一家网红店可能带火一条街，一条街可能带动一个街区，新文旅为城市生活者带来幸福感。"打卡"成为一种新的生活方式，由此驱动城市生活创新。另一方面，红色之旅、研学之旅、产业之旅、自然教育、露营产业……各种文旅新形态不断迭代，在这个过程中，社交媒体在"种草"与"拔草"之间，发挥了流量聚集与分发的作用，实现了口碑营造与多层级传播。

不过，流量潮来潮往，要留住人气和人心，最终还是要靠服务创新与运营。从文旅产品设计到推广，从服务落地到后续跟踪以及衍生开发，整个环节都离不开创新和运营。在本次珠海国际设计周期间，精心策划的设计之旅可以说是一次很好的尝试（图 2-6）。从探索、翱翔、科技、空间、国艺和公益六大主题出发，选取 15 个站点，组织 77 场活动，既实现了珠海国际设计周的落地，又充分展现了最具代表性的珠海设计资源，满足了珠海市民日益增长的文旅需求。

对粤港澳大湾区来说，11 座城市既是独立的有机体，也是山水相依的联合体。就像上面提到的珠海设计之旅，可以变化组合成不同的主题。最重要的是以设计为驱动力，用创意思维去联结，用运营思维去落地。相信在未来，随着文化和旅游、科技的深度融合，文旅新业态将会蓬勃发展，大湾区以资源为基础，推进服务创新，用创意和运营进行融合，让城市与生活、自然与文化产生互动，由此拓展产业边界，必将打造出大湾区文旅新格局。

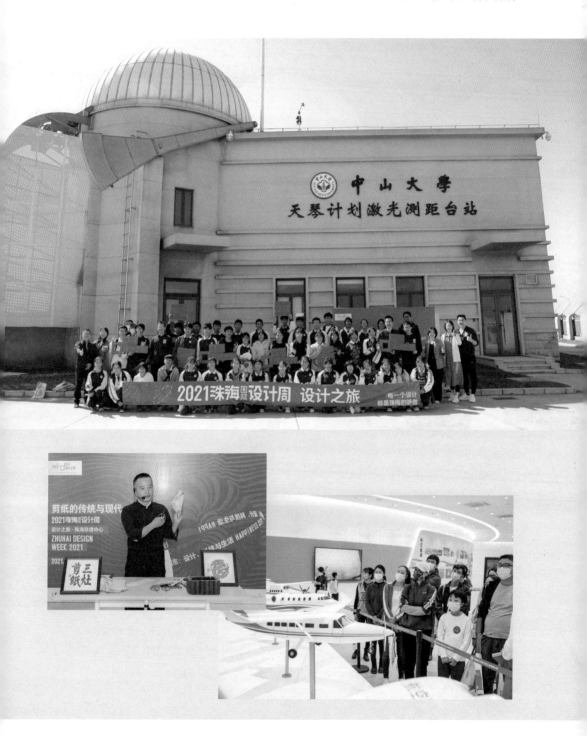

图 2-6　2021 珠海国际设计周设计之旅

PART

第二篇　主题报告

2021 年，粤港澳大湾区设计产业在良好的外部环境下，充分发挥产业优势，为大湾区建设助力升级，取得了丰硕成果。在此，作为中篇，主题报告从设计产业的城市布局和产业自身发展两个维度，梳理大湾区设计产业资源，总结一年来各城市的发展动态和主要产业的特点趋势，展望大湾区设计的未来。

TWO

DESIGN POWER

3

CHAPTER
THREE

第三章

粤港澳大湾区设计产业
布局与发展

　　设计服务于城市，设计依托于产业。在大湾区，不同的城市有不同的资源条件和功能定位，其发展规划和产业基础亦有所不同。而从产业自身的发展来看，大湾区设计在众多领域取得了令人瞩目的成就，不仅在全国位居前列，而且还形成了不同的城市发展特色。

第一节　粤港澳大湾区设计产业发展环境概述

城市的地域面积、人口数量和主要经济指标是设计发展的外部环境和基础条件。从表3-1的横向比较来看，大湾区的城市基本上可以划分为三个梯队。

表 3-1　粤港澳大湾区主要经济指标（2020 年）①

城市	土地面积（平方千米）	年末人口数量（万人）	地区生产总值 GDP（元）	人均地区生产总值 GDP（元）
广州	7249.27	1874.03	25019.11	135047
深圳	1997.47	1763.38	27670.24	159309
珠海	1736.46	244.96	3481.94	145645
佛山	3797.72	951.88	10816.47	114157
惠州	11347.39	605.72	4221.79	70191
东莞	2460.08	1048.36	9650.19	92176
中山	1783.67	443.11	3151.59	71478
江门	9506.92	480.41	3200.95	66984
肇庆	14891.23	411.69	2311.65	56318
香港	1110.2	742.83	27107	362310
澳门	32.9	68.31	1944	285314

1. 第一梯队城市

深圳、广州、香港的 GDP 水平处于第一梯队，其中深圳近两年的 GDP 水平最高，短短四十年的建设，深圳速度就是这座改革开放示范城市的发展力。比较而言，深圳的人口规模与广州不相上下，人均 GDP 在内陆九市居榜首，但是土地面积相对较小，发展空间受限，人口密度大。

广州拥有良好的历史积淀与发展条件，人口最多，辖区面积较大，

---

① 数据来源：《2021 广东统计年鉴》(本表中香港、澳门 GDP 的货币分别为港币和澳门元)。

GDP 水平在大湾区位列第二，资源优势比较明显。香港土地面积有限，人口数量在大湾区排名第五，人口密度大，近两年受多重因素影响，GDP 连续下滑，但是人均 GDP 和进出口总额在大湾区遥遥领先，凸显了其航运和贸易中心的优势。

2. 第二梯队城市

从 GDP 水平来看，佛山和东莞位于第二梯队，它们的发展一方面受益于广深，另一方面也得益于强大的人口吸纳能力，GDP 水平在万亿元左右。其中，东莞已成为大湾区第三个人口超千万人的城市，而佛山按照最新的统计数据，2021 年年末的常住人口是 961.26 万人，年增长率为 9.9‰，十年间人口增加了近 200 万人，突破千万人也是指日可待。比较而言，佛山的土地面积大于东莞，人均 GDP 也高于东莞，具有较好的发展潜力。

而与佛山、东莞大体量的 GDP 水平、人口基数相反，第二梯队中的另外两个城市珠海和澳门都是小而美的典型。其中珠海在内陆九市中一枝独秀，虽然面积是内陆九市中最小的，人口也是内陆九市中最少的，但是人均 GDP 在内陆九市中排名第二，用实力证明了其高质量发展的理念。而澳门的土地面积更小，人口更少，但是人口密度是最高的，人均 GDP 仅次于香港，在大湾区排名第二。

3. 第三梯队城市

肇庆、惠州、江门和中山属于第三梯队，前三个城市的土地面积在大湾区依次排在前三位。其中惠州的人口比较可观，超过了 600 万人；GDP 也明显高出其他三个城市，具有很好的发展潜力。而中山的土地面积比较小，和珠海差不多，但是人口比珠海多出了近 200 万人，GDP 水平较珠海略低一些。

第二节　粤港澳大湾区设计产业城市布局与结构

服务于粤港澳大湾区的五大战略定位和城市的发展规划与功能定位，是大湾区设计力发展的使命与任务。不同的城市，在大湾区的发展战略中，具有不同的功能定位与产业基础。

一、广州设计产业布局与年度回顾

广州是广东省的省会，历史悠久，拥有良好的产业基础和便利的交通条件，教育资源、人文底蕴丰厚。被誉为"中国第一展"的广交会，则是中国历史最长、层次最高、规模最大、商品种类最全、到会采购商最多且分布国别地区最广、成交效果最好的综合性国际贸易盛会。广州因此成为粤港澳大湾区联系内地、辐射全球的最佳桥梁和纽带。

1. 城市定位

在大湾区的发展规划中，广州的定位是国家中心城市和综合性门户城市（大湾区城市群核心门户城市）、国际商贸中心（高水平对外开放门户枢纽）、综合交通枢纽（国际航运、国际航空）、科技教育文化中心（国际科技创新枢纽）。

2. 产业结构

根据最新的统计数据，2021 年广州实现地区生产总值（初步核算数据）28231.97 亿元，其 GDP 构成如图 3-1 所示。其中，第一产业的增加值为 306.41 亿元，增长 5.5%，但是占比仅为 1%；第二产业的增加值为 7722.67 亿元，增长 8.5%，占比为 27%；第三产业的增加值为 20202.89 亿元，增长 8.0%，占比高达 72%。服务业主导型经济的趋势日益明显，现代服务业和先进制造业成为广州产业发展的重要抓手，而设计产业与这二者有着密切的关联。

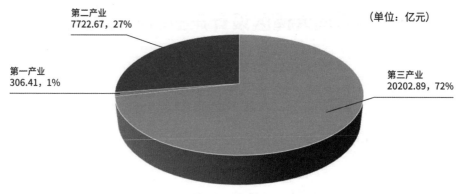

图 3-1　2021 年广州市 GDP 构成[①]

3. 产业布局

从与工业设计密切关联的制造业来看，广州是华南地区工业门类最齐全的城市，率先获批"中国制造 2025"试点示范城市、国家服务型制造示范城市。广州的产业体系完整，轻重工业齐备，拥有全国 41 个工业大类中的 35 个，工业综合实力位居全国前列，工业设计的应用领域广泛，产业基础扎实。

制造业是推动经济社会高效、高质发展的重要引擎。目前，广州除了传统制造业如汽车、电子通信、石油化工、日化消费品等处于优势地位外，以新一代信息技术、人工智能、生物医药为代表的 IAB 产业和以新能源、新材料为代表的 NEM 产业正在积极发挥引领作用，带动传统产业转型升级和现代产业新体系的整体提升。

根据《2021 年广州市国民经济和社会发展统计公报》，广州制造业的三大支柱——汽车、电子产品和石油化工，三者合计产值占全市规模以上工业总产值的 50.3%，其中，汽车制造增长 4.4%，电子产品制造增长 13.5%，石油化工制造下降 2.0%。目前，这三大制造业已在广州形成三个产值超千亿元的先进制造业集群。而八大领域战略性新兴产业（图 3-2）2021 年合计实现增加值 8616.77 亿元，比上年增长 7.8%，占地区生产总值的 30.5%。

---

① 数据来源：《2021 年广州市国民经济和社会发展统计公报》，由本课题组制图。

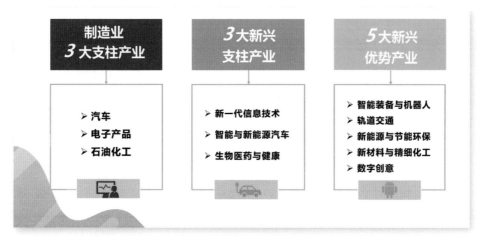

图 3-2　广州市产业发展格局

此外，根据《2021 年广州市国民经济和社会发展统计公报》，广州规模以上先进制造业在 2021 年实现 7.2% 的增长率，占规模以上工业增加值的比重为 59.3%。其中，高端电子信息制造业增长 30.4%，生物医药及高性能医疗器械业增长 18.7%，先进装备制造业增长 2.1%，先进轻纺制造业增长 6.5%，新材料制造业增长 5.0%，石油化工业下降 0.4%，整体来看，增长形势喜人。

按照广州市的"十四五"规划，坚持巩固壮大实体经济，建设更具竞争力的现代产业体系，广州将培育战略性新兴产业增长引擎，构建"一核引领、两极带动、三港辐射、多点支撑"的产业功能布局，推动数字经济、创新经济、枢纽经济、特色经济高质量发展，实现产业协同互补、集聚集群集约发展，构筑实体经济、科技创新、现代金融、人力资源协同发展的现代产业体系，打造先进制造业强市和现代服务业强市。

目前，广佛惠超高清视频和智能家电、智能网联汽车、广深佛莞智能装备、深广高端医疗器械等 4 个集群已入选国家先进制造业集群首批培育对象。同时，在 21 个国家制造业创新中心里，广州拥有 1 个，即由聚华印刷显示技术有限公司于 2018 年建成的国家印刷及柔性显示创新中心。

新型显示、集成电路、人工智能、软件和信息服务业、新一代信息通信（含5G、低轨卫星、量子通信）正在成为广州发展新一代信息技术的重点，广州将打造"世界显示之都"，建成全球人工智能应用先行区和策源地以及中国软件名城和全球定制之都。

4. 设计产业

从高端制造业的角度来看广州的工业设计，它有历史积淀，曾经创造了中国工业设计的"四个率先"：率先建立第一个工业设计实体机构、率先建成第一个工业设计·全国新型工业化产业示范基地、率先培育第一大工业设计企业、率先打造目前全国唯一获得国际三大权威设计组织联合认证的大型国际综合性设计展览活动"广州设计周"。

目前，广州拥有国家级工业设计中心 7 个，省级工业设计中心 21 个，市级工业设计中心 25 个，工业设计相关产业园区 30 多个，各类工业设计企业 1000 多家，拉动全市工业总产值超过 2000 亿元，还有 50 多所大专院校设立了工业设计专业。

从现代服务业的角度来看设计产业，据《广州日报》报道，目前广州的各类设计企业多达 2100 多家，设计产业创造的产值约 165 亿元。当下，广州迫切需要集聚设计资源，优化设计产业链条，提升产业附加值。以广州市推进的粤港澳大湾区建设重点发展平台项目"广州设计之都"为例，该园区以建筑设计、市政设计、工业设计、服装设计、芯片设计五大类设计行业为主导，以生产服务、展示服务、生活服务三大平台为支撑，集聚设计全链条、服务全过程，旨在实现"设计价值化、设计产业化、设计集聚化、设计贸易化"的目标。

综合来看，生产性服务业与先进制造业相互依存、相互促进，是供应链信息流、资金流高效运转的重要支撑。根据《2021 年广州市国民经济和社会发展统计公报》，在占比高达 72% 的第三产业中，2021 年广州现代服务业的增加值达到 13636.85 亿元，占 GDP 总额的 48.3%，增长率为 7.5%。

其中与制造业密切相关的生产性服务业增加值为 10860.02 亿元，占 GDP 总额的 38.5%，增长率为 9.0%，创新成为重要的驱动力，如图 3-3 所示。

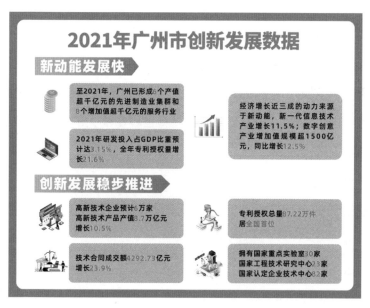

图 3-3　广州市创新发展数据[①]

目前，广州正致力于打造国家级综合型信息消费示范城市，从 2021 年的统计数据来看，广州的文化、体育和娱乐业的增长率高达 23.3%，科学研究和技术服务业的增长率达到 18.4%；互联网、软件和信息技术服务业增长 13.0%，增长率远超金融业（5.3%）和房地产业（9.2%）。

未来，广州已经选定了六个重点发展的产业：新一代信息技术、汽车、高端装备、生物医药、新材料及新能源、生产性服务业。其中，在发展生产性服务业的规划中提到，广州要初步形成以工业设计、电子商务、物流与供应链、信息技术、科技金融等为重点的功能区发展体系，加速建设琶洲互联网创新集聚区；家居制造、时尚服饰等行业应用电子商务、开展个性化定制生产，要努力走在全国前列。

---

① 数据来源：广州市统计局，由本课题组综合整理并制图。

二、深圳设计产业布局与年度回顾

深圳是中国第一个被联合国教科文组织授予"设计之都"称号的城市，也是世界城市化、工业化和现代化的一个奇迹。

1. 城市定位

在大湾区的发展规划中，深圳的定位是经济特区、全国性经济中心城市和国家创新型城市（国际科技、产业创新中心，全球高端金融产业综合体和金融综合生态圈），要努力成为具有世界影响力的创新创意之都（协同构建创新生态链）。

2. 产业结构

根据最新的统计数据，2021 年深圳在稳中求进，GDP 突破 30000 亿元，达到 30664.85 亿元，其 GDP 构成如图 3-4 所示。其中，第一产业的增加值为 26.59 亿元，增长 5.1%，但是占比仅 0.1%；第二产业的增加值为 11338.59 亿元，增长 4.9%，占比为 37%，明显高于广州；第三产业的增加值为 19299.67 亿元，增长 7.8%，占比达到 62.9%。从中可以看到，第三产业已然是深圳的主导产业，但是以制造业和建筑业为主的第二产业在深圳的经济中仍占有重要的一席之地。

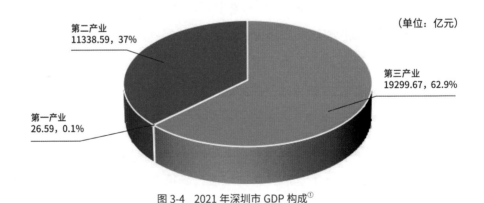

图 3-4　2021 年深圳市 GDP 构成[①]

---

① 数据来源：《2021 年深圳市国民经济和社会发展统计公报》，由本课题组制图。

3. 产业布局

作为中国经济中心城市和科技创新城市，目前深圳已经形成了"四大支柱产业，七大战略性新兴产业，五大未来产业"的产业格局，如图 3-5 所示。

四大支柱产业

高新技术产业、金融业、物流业和文化产业。

七大战略性新兴产业

新一代信息技术产业、数字经济产业、高端装备制造产业、绿色低碳产业、海洋经济产业、新材料产业和生物医药产业。

五大未来产业

5G 产业、大数据产业、人工智能产业、新能源汽车产业和集成电路产业。这其中，集成电路产业的发展规模增速较快，排名五大产业之首，在相关政策的大力推动下，集成电路企业数量也迅速增长。5G 产业在产业规模、终端出货量等方面为深圳荣获多项全国第一；深圳新能源汽车的保有量在全国排首位，市场份额也位居前列。

图 3-5 深圳的产业格局

2021 年，深圳的现代服务业和高端制造业表现良好，其中信息传输软件和信息技术服务业、科学研究和技术服务业分别实现 19.6% 和 14.0% 的增长，主要高技术产品的产量也实现了快速增长，如图 3-6 所示。

可 以 说，2021 年，深 圳 迎 来"十四五"的良好开局，正迈向"双区"驱动，"双区"叠加，"双改"示范发展的黄金期。

通用设备制造业增长15.3%

电气机械和器材制造业增长13.3%

主要高技术产品产量快速增长

新能源汽车增长173.9%

工业机器人增长60.5%

智能手机增长40.9%

3D打印设备增长21.2%

图 3-6 2021 年深圳主要高技术产品增长率

4. 设计产业

从 1983 年深圳出现第一家带有设计性质的企业，到 1992 年深圳举办的平面设计在中国展（Graphic Design in China，GDC）成为平面设计在中国兴起的标志性展览；从 2008 年深圳获批加入全球创意城市网络，成为中国第一个"设计之都"，到 2021 年，深圳入选工信部全国首批 4 个服务型制造示范城市（工业设计特色类），短短 40 年时间，深圳在工业设计、平面设计、建筑设计、室内设计、时尚设计、珠宝设计、家居设计、动漫游戏、交互设计等领域取得了长足进步，创意设计、文化产业也成为深圳转变经济增长方式、实现创新驱动的有力抓手。

从工业设计领域来看，截至目前，深圳拥有 13 个国家级工业设计中心和 1 家工业设计企业。此外，深圳还拥有 2 个国家制造业创新中心——国家高性能医疗器械创新中心和 5G 中高频器件创新中心，工业设计赋能制造业高质量发展成效显著。2021 年深圳入选首批全国服务型制造示范城市（工业设计特色类）可谓实至名归。此外，2021 年，我国工业设计行业的一大盛事——首届全国工业设计职业技能大赛也在深圳顺利举办。

另据《经济日报》和新华社的报道，2020 年深圳工业设计行业总产值达 134.56 亿元，同比增长 16%，带动下游产业经济价值超过千亿元。目前，深圳拥有各类工业设计机构及企业近 2.2 万家，工业设计师及从业人员超过 15 万人，近 20 个与设计相关的行业协会，近百家文化创意园区。

制造业的基础以及创新创业的基因是深圳发展工业设计的优势。2021 年，深圳在两大国际设计奖项中的获奖数量再创新高，荣获德国汉诺威设计论坛（Industrie Forum，以下简称 iF 奖）设计奖 392 项，占全国获奖数量的 33%；荣获红点产品设计奖 252 项，占全国获奖数量的 34%。获奖作品中，科技类产品占一半以上，涵盖了汽车、家居、生物医疗、智能穿戴硬件等领域，科技创新产业与设计创新融合发展成为深圳设计的一大特色与趋势。

创意设计是创新驱动的重要因素。从最初的世界工厂，到今天的创客之城、创新之都，深圳用设计赋能产业，推动城市升级。2008 年，深圳加入全球创意城市网络，成为我国首个被联合国教科文组织授予"设计之都"称号的城市。作为一个新兴城市，深圳能够脱颖而出，主要源于这样几点：深圳地方政府的大力支持；深圳在设计产业方面拥有日益显著的地位；年轻的人口，鲜活的设计力量；快速发展的数字内容和在线互动设计，以及先进的技术和整体供应链的快速反应，助力创意设计落地实现。此外，联合国教科文组织还特别提出"深圳强调设计理念，他们把设计当作一个战略工具指导城市转型，同时在与社会文化相关的内容领域，尊重经济发展机会的平衡"。

获批"设计之都"称号当年，深圳就将 12 月 7 日设立为"创意设计日"。自 2017 年起，每年 4 月下旬的"深圳设计周"还专门设立了总奖金高达千万元的深圳环球设计大奖。2019 年，深圳印发《关于推动深圳创意设计高质量发展的若干意见》，要求深圳壮大创意设计市场主体，支持创意设计企业向专、精、特、新方向发展，打造中小微创意设计企业集群，进一步增加创意设计主体的数量。可以说，重视创意，重奖创新，将设计思维融入管理，是深圳设计业发展的一大优势。

除了提倡创新精神，早在 2003 年，深圳还率先确立了"文化立市"战略。深圳每年由财政拨款 5 亿元专项资金支持文化创意产业发展，并推出国内首个以政府名义发布的文化创意产业专项政策，出台了一系列文化创意产业振兴发展规划和扶持政策，引导大量社会资本投资文化创意产业。

早在 2019 年，中共中央、国务院印发的《关于支持深圳建设中国特色社会主义先行示范区的意见》就曾明确提出，到 2035 年，深圳要建成具有全球影响力的创新创业创意之都，要发展更具竞争力的文化产业和旅游业。目前，文化产业已成为深圳的新兴产业之一，文体旅融合发展已成为一大发展趋势。

2021 年，深圳加快实施文化软实力跃升行动，围绕建党 100 周年，积极实施新时代文艺发展工程，策划推出一批重大文艺精品，引进文艺名家设立工作室。同时，开工建设深圳改革开放展览馆、国深博物馆、深圳创意设计馆等重大文化设施，积极创建国家全域旅游示范区，开展国家体育消费城市试点，落实文体旅一体化发展。一批精品活动，如文博会、"一带一路"国际音乐季、深圳读书月、深圳设计周暨环球设计大奖、深港城市建筑双城双年展、深圳时装周、有"全球工业设计第一展"美誉的深圳国际工业设计大展、深圳国际马拉松等已成为深圳的城市名片。与此同时，深圳还大力发展数字文化产业、文化创意产业和时尚产业，建设大浪时尚小镇，创建国家级文化产业示范园区和国家动漫产业基地。

三、香港设计产业布局与年度回顾

香港位于中国南部珠江口以东，西与澳门隔海相望，北与深圳相邻，南临珠海万山群岛，区域范围包括香港岛、九龙、新界和周围 262 个岛屿，享有"东方之珠"的美誉。

1. 城市定位

在大湾区发展规划纲要中，香港的定位是一个枢纽（国际航空枢纽）、三个中心（国际金融、航运、贸易中心）。而"十四五"规划纲要则在一个枢纽、三个中心的基础上，为香港的未来发展进一步指明了方向，提出强化香港作为全球离岸人民币业务枢纽，强化其国际资产管理中心及风险管理中心的功能，支持香港建设亚太区国际法律及争议解决服务中心；同时推动专业服务，大力发展创新及科技事业、培育新产业，支持香港服务业向高端高增值方向发展；支持香港建设国际创新科技中心和区域知识产权贸易中心；支持香港发展中外文化艺术交流中心。可以说，"八个中心"的规划为香港带来新的发展机遇。

2. 产业结构

按照香港特区政府统计处最新发布的数据，2021 年，香港扭转了连续两年的经济下滑趋势，当年实现 GDP 2.86 万亿港币，较上年增长 6.96%。而从产业结构来看，按照香港的统计方式，2020 年香港服务业在 GDP 中的占比高达93.5%，而农业、渔业、采矿及采石业的占比只有 0.1%，制造业的占比为 1%，电气、燃气和自来水供应及废弃物管理的占比为 1.4%，建筑业的占比为 4.1%。

3. 产业布局

在以服务业为绝对主导地位的香港产业布局中，服务业构成如图 3-7 所示。根据 2020 年的统计数据，金融及保险（25%），公共行政、社会及个人服务（22%），进出口贸易批发及零售（20%）是三大主要领域，贡献了三分之二的收入。

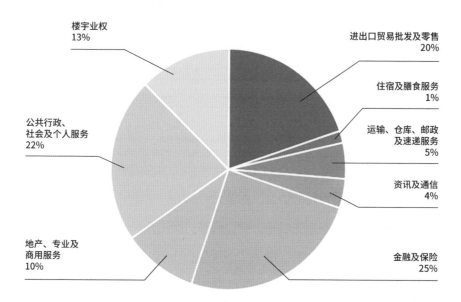

图 3-7　香港服务业 GDP 构成（2020 年）①

① 数据来源：香港特区政府统计处，由本课题组整理并制图。

4. 设计产业

根据香港贸易发展局的界定，设计业涵盖产品设计，多媒体、视觉和平面设计，室内和家具设计，时装和配饰设计，珠宝设计及工业设计等多个专业范畴。根据香港特区政府统计处 2020 年的《就业及空缺按季统计报告》，设计业占专业、科学和技术服务就业人数的 10%，从业人员数为 18590 人。

从公司数量来看，过去 20 年间，香港的设计公司不断增加，从 2000 年的 2660 家上升至 2020 年的 6930 家。其中，从事室内和家具设计以及多媒体、视觉和平面设计两大领域的公司，各占设计公司总数的三分之一；其次是工业设计领域，占 13%。

2019 年，香港文化及创意产品的出口额达到 5710 亿港元，占香港货品出口总值的 14%，其中以视听及互动媒体产品的占比最高，出口额达 3930 亿港元，其后是视觉艺术及设计产品 (870 亿港元) 以及表演艺术及节庆货品 (710 亿港元)。2019 年，设计业为文化及创意产业增值逾 48 亿港元，增长率为 7%。

在政府层面，2009 年 6 月，香港特区政府成立"创意香港"(Create HK) 办公室，负责管理两项资助计划——创意智优计划和电影发展基金。截至 2020 年年底，政府为创意智优计划共注资 20 亿港元，支持超过 570 个项目，以此推动香港本地创意产业的发展。

在行业层面，多年来，香港设计从业人员陆续组成多个专业团体，例如特许设计师协会、香港设计师协会、香港设计总会、香港室内设计师协会、香港时装设计师协会以及香港工业设计师协会等。而由众多协会组成的香港设计中心则汇聚了各方人才和力量，推动了创新中心 (Inno Centre) 的发展。创新中心为设计公司提供办公室及展览场地，可举办产品、设计、品牌、艺术和媒体展。

在政府和行业协会联手合作方面，2002 年，香港设计中心与香港贸发局合作举办设计营商周（Business of Design Week，BODW）活动，如今它已经成为亚洲设计界的年度旗舰活动。2018 年，在设计营商周活动中又增加了 Design Inspire 创意设计博览，该活动也持续受到业界的广泛关注。2021 年 10 月，香港设计中心推出线上设计知识网站 bodw+，持续扩大设计营商周的影响力。

此外，香港设计中心在 2006 年推出"设计创业培育计划"，旨在培育从事时装、珠宝、媒体及品牌等多个设计相关领域的新成立公司。该项目也得到"创意香港"办公室的支持。截至 2020 年，该计划已培育约 293 家初创设计企业。其中，越来越多的初创设计公司专注于光影艺术、空间艺术和虚拟现实等数字设计。此外，香港设计中心还负责管理"时装创业培育计划"，旨在每年培育 5 个香港时装品牌，并为他们提供种子基金以及专家指导等方面的资助。截至 2020 年年底，"时装创业培育计划"共孵化了 20 家时装公司。

四、澳门设计产业布局与年度回顾

澳门由澳门半岛和冰仔、路环二岛组成，几百年中西交汇的历史，塑造了澳门独特的风貌与文化。

1. 城市定位

在大湾区发展规划中，澳门的定位是世界旅游休闲中心，中国与葡语国家商贸合作服务平台。

2. 产业结构

澳门土地面积小，人口少，经济结构相对单一，博彩业及旅游业是澳门的经济支柱 , 近十年服务业的占比都高达 90% 以上。因此，受新冠疫情影响，2020 年澳门 GDP 出现大幅下滑。2021 年，澳门经济整体虽有所回升，但尚未恢复到疫情前的水平。按照澳门统计及普查局公布的数据，2021 年，澳门 GDP 合计 2394 亿澳门元，增长率为 18%。根据 2021 年 7 月发布的《中国统计年鉴 2020》，从产业结构来看，澳门服务业在 GDP 中的占比高达 91.3%，制造业占比为 0.88%，水电及气体生产供应占比为 1.43%，建筑业占比为 6.38%。

3. 产业布局

在以服务业为主导的澳门产业布局中，服务业 GDP 构成如图 3-8 所示。根据 2020 年的统计数据，澳门博彩及博彩中介业从之前 50% 左右的占比下滑到 23.3%，不动产业务的占比为 19.2%，银行业占 14.2%，三者合计贡献了半数以上的 GDP。

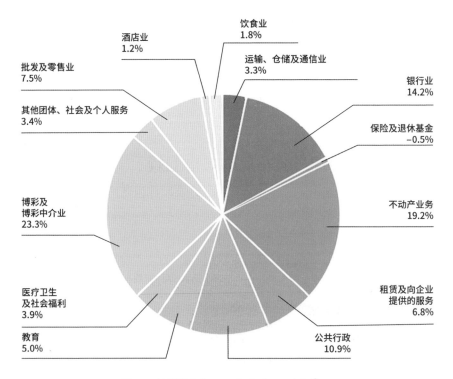

图 3-8 澳门服务业 GDP 构成（2020 年）[①]

4. 设计产业

按澳门统计暨普查局的分类，文化产业包括创意设计、文化展览、艺术收藏和数码媒体四个领域（表 3-2）。2020 年，澳门从事文化产业的

___

① 数据来源：澳门统计暨普查局，由本课题组整理并制图。

机构共有 2483 家，较上年增长 28 家；在职员工 11862 人，较上年减少 13.4%；而 GDP 的贡献值为 21.4 亿澳门元，较上年下降 27.9%，这也是自 2015 年以来首次出现下跌。

表 3-2　澳门文化产业基本情况

领域	公司数（家）	从业人数（人）	GDP（百万澳门元）
总数	2483	11862	2144.7
创意设计	1377	3895	623.5
其中：广告业	666	1657	183.1
会展业	109	453	76
专门设计	445	1396	170.1
建筑设计	119	276	188.6
文化展演	308	2627	149.5
艺术收藏	139	466	20.6
数码媒体	659	4874	1351.1
其中：资讯业	398	2105	697.4

如表 3-2 所示，在澳门的分类标准中，创意设计领域涵盖了品牌设计、文化创意产品设计、展览设计、时装设计、广告设计、工业设计、建筑设计等服务。比较而言，受土地面积、人口因素、经济结构制约，澳门本地的设计产业相对较小。未来澳门的发展要以横琴粤澳深度合作区为依托，努力建设以中华文化为主流、多元文化共存的合作交流基地，促进经济适度多元发展。在这个过程中，澳门设计师协会发挥了重要的作用，近年来与内地互动频繁。

澳门设计师协会（Macau Designers Association, MDA）成立于 1986 年 5 月 18 日，是一个由平面设计师、产品设计师、室内设计师、网页设计师、商业摄影师、插画师等专业人士组成的综合性非营利的专业文化艺术团体。30 多年来，澳门设计师协会致力于"团结设计精英、维护业界利益、提升专业水平、促进对外交流"。

除了举办澳门设计周活动，从 1994 年开始，澳门设计师协会还举办两年一度的澳门设计双年展，这也是澳门设计界比较有影响力的一大盛事，包括专业赛事、颁奖典礼、展览、论坛等环节。2017 年开始，澳门设计双年展正式更名为澳门设计大奖。

此外，澳门设计中心也在为澳门设计发声，它主要聚焦于环境设计、工业设计、视觉传达设计、信息设计、互动设计、动画设计、通用设计等七个领域，助推本地设计师及设计公司在澳门、内地乃至全球的发展。

2021 年，澳门本土设计机构 Untitled 工作室发布了一套澳门设计师协会的新形象。可以说，30 多年来，澳门设计师协会对于推动澳门设计发展，发掘本土优秀人才，传播澳门城市文化，提升企业和普通市民对设计价值的认识起到了重要作用。未来，响应澳门特区政府发展文化创意产业的施政方针，在构建中西文化交流平台的过程中，澳门设计必将成为重要的桥梁与纽带。

五、珠海设计产业布局与年度回顾

作为珠江西岸的核心城市，珠海是改革开放最早的一批经济特区，也是唯一与港澳陆路相连的湾区城市。

1. 城市定位

在大湾区的发展规划中，珠海的定位是建设粤港澳大湾区的桥头堡与创新高地，国际创新资源进入内地的中转站，致力于开辟"港澳市场及创新资源 + 珠海空间与平台"的合作路径。2021 年，《中共广东省委 广东省人民政府关于支持珠海建设新时代中国特色社会主义现代化国际化经济特区的意见》发布，进一步明确了珠海的五大战略定位：区域重要门户枢纽、新发展格局重要节点城市、创新发展先行区、生态文明新典范、民生幸福样板城市。

2. 产业结构

根据最新的统计数据，2021 年珠海全市实现地区生产总值 3881.76 亿元，同比增长 6.9%，其 GDP 构成如图 3-9 所示。其中，第一产业的增加值为 55.02 亿元，增长 7.1%；第二产业的增加值为 1627.47 亿元，增长 6.5%；第三产业的增加值为 2199.27 亿元，增长 7.2%。

由图 3-9 可知，从产业结构来看，第三产业已经成为珠海的主导产业，但是比起广州、深圳，第二产业在珠海的占比也比较高，制造业仍是珠海发展的重要支撑。

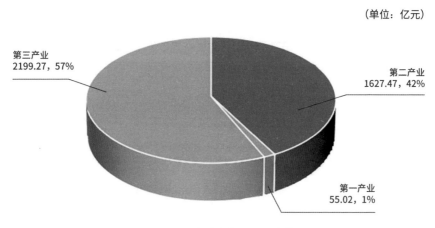

（单位：亿元）

图 3-9　2021 年珠海市 GDP 构成①

3. 产业布局

2021 年，面对复杂多变的国内外环境和疫情的冲击，珠海市集中精力做好"六稳六保"工作，以高质量发展实现"十四五"的良好开局。全市规模以上企业实现工业总产值 5200.81 亿元，比上年增长 9.8%。其中轻工业产值为 1726.13 亿元，增长 12.3%；重工业产值为 3474.69 亿元，增长 8.6%；规模以上轻、重工业产值的比例为 33∶67。

① 数据来源：《2021 年珠海市国民经济和社会发展统计公报》，由本课题组制图。

珠海的六大支柱产业，2021 年同比增长 11.1%；高技术制造业在 2021 年完成增加值 412.82 亿元，占规模以上工业增加值的比重为 30.8%，较上年增长 9.0%；先进制造业完成增加值 765.45 亿元，占规模以上工业增加值的比重为 57.1%，较上年增长 8.6%；传统优势产业增加值比上年增长 7.4%。各类重点产业的增长情况见表 3-3。

而从服务业的情况来看，2021 年珠海现代服务业增加值为 1551.46 亿元，增长 7.0%，占地区生产总值的 40.0%。规模以上服务业企业实现营业收入 1194.84 亿元，比上年增长 21.3%；利润总额 160.34 亿元，同比下降 20.4%。其中，高技术服务业营业收入同比增长 11.5%。

表 3-3　2021 年珠海各类重点产业增长情况[①]

六大支柱产业	增长率	高技术制造业	增长率	传统优势产业	增长率
电子信息	5.6%	医药制造业	19.5%	食品饮料业	2.8%
生物医药	19.5%	航空、航天器及设备制造业	2.9%	纺织服装、服饰业	4.7%
家电电气	9.7%	电子及通信设备制造业	6.3%	家具制造业	4.9%
电力能源	21.7%	计算机及办公设备制造业	9.9%	建筑材料业	8.0%
石油化工	15.2%	医疗仪器设备及仪器仪表制造业	5.4%	金属制品业	5.0%
精密机械	7.8%	—	—	家用电力器具	7.0%

4. 设计行业

2021 年，珠海加快构建现代产业体系，新增省级智能制造示范项目 18 个和格力电器高栏产业园、斗门智能制造产业园、富山产业园 PCB 基地，47 家企业入选全省制造业 500 强。

---

① 数据来源：《2021 年珠海市国民经济和社会发展统计公报》，由本课题组整理并制表。

目前，珠海拥有 2 个国家级工业设计中心，即珠海格力电器股份有限公司工业设计中心和珠海罗西尼表业有限公司工业设计中心；珠海还拥有 13 家省级工业设计中心 。2021 年，珠海专利授权量共 27201 件，同比增长 11.3%。其中，实用新型专利和外观设计专利合计 21799 件。

年内，以"幸福城市：设计、科技与生活"为主题的 2021 珠海国际设计周活动，按照疫情防控的规定，首次采取"线上 + 线下"融合的方式，打通连接传统展会与数字化展览平台的双向通道，以 "云"展览、"云"对话等创新模式探索后疫情时代会展业发展新路径，以全新形象向世界展示珠海独特的设计魅力，如图 3-10 所示。

图 3-10　2021 珠海国际设计周"线上 + 线下"活动

根据国际知名调研机构益普索的报告，2021 年珠海设计周的参与人数创历史新高，94 万人次参与了线上互动，15 万人次进入直播间及线上展厅，超过了前三届观展人数的总和。它不仅激活了珠海市内的设计资源，激发了珠海市民的参与热情，也有力地提升了珠海设计的影响力。

此外，2021 年，在珠海还有一系列高规格的设计、艺术类活动，如第十三届中国国际航空航天博览会、第十六届"中国芯"集成电路产业促进大会、第五届中国室内设计艺术周、首届珠海艺术节等。这些活动为提升珠海设计的吸引力也做出了重要贡献。

同时，在设计领域，珠海与澳门更紧密地联系在一起。由华发集团与澳门设计中心强强联手打造的珠澳设计中心正在发挥着日益重要的作用。珠澳两地团队合作，前者拥有丰富的设计资源，后者拥有多年设计平台运营经验，共同为珠澳两地青年设计师提供发展空间与机会。

六、佛山设计产业布局与年度回顾

佛山位于珠江三角洲腹地，是国家历史文化名城、岭南文化的发源地之一，人文资源丰厚，民俗活动丰富，民间艺术繁盛，拥有 14 项国家级非物质文化遗产项目、50 项省级非遗项目。

1. 城市定位

佛山历史悠久，其辖区与周边县市经历多次调整。直至 2002 年年底，2003 年年初，经国务院批准，相继撤销县级的南海市和顺德市，设立禅城区、南海区、顺德区、三水区和高明区五个区，才形成今天的佛山市。彼时，南海和顺德已位列"广东四小虎"，合并之后的佛山，制造力量显著增强，也由此成为中国重要的制造业基地。而在大湾区的发展规划中，佛山要打造制造业创新中心，既要强基固本，又要开拓创新。

2. 产业结构

根据最新的统计数据，2021 年佛山地区生产总值（初步核算数）为 12156.54 亿元，比上年增长 8.3%，其 GDP 构成如图 3-11 所示。其中，第一产业的增加值为 210.55 亿元，增长 9.5%；第二产业的增加值为 6806.95 亿元，增长 9.3%；第三产业的增加值为 5139.04 亿元，增长 7.0%。2021 年佛山的产业结构为 1.7：56：42.3，制造业为主的第二产业相对占据优势。

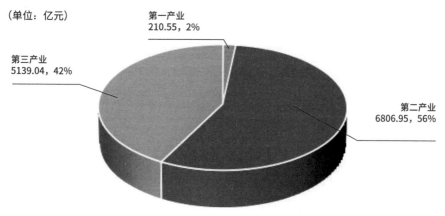

（单位：亿元）

第一产业 210.55，2%

第三产业 5139.04，42%

第二产业 6806.95，56%

图 3-12 2021 年佛山市 GDP 构成[①]

3. 产业布局

按照佛山市的"十四五"规划，佛山采取"2+2+4"的产业布局：做大装备制造、泛家居 2 个超万亿元的产业集群；做优做精汽车及新能源、军民融合及电子信息 2 个冲五千亿元的产业集群；加快培育智能制造装备及机器人、新材料、食品饮料、生物医药及大健康等 4 个冲三千亿元的产业集群。

从 2021 年的统计数据来看，佛山先进制造业增加值比上年增长 8.7%，占规模以上工业增加值的比重从 2012 年的 33.3% 上升至 49.4%。其中，智能家电、智能装备、智能穿戴等产业占比不断攀升。2021 年，佛山先进装备制造业增长 11.4%，石油化工产业增长 3.7%，先进轻纺制造业增

---

① 数据来源：《2021 年佛山市国民经济和社会发展统计公报》，由本课题组制图。

长 9.2%，新材料制造业增长 4.9%，高端电子信息制造业下降 3.7%，生物医药及高性能医疗器械业增长 19.6%。

比较而言，2021 年佛山高技术制造业的增加值虽然比上年增长 9.3%，但是在规模以上工业增加值中的占比较低，仅有 5.8%。而优势传统工业在佛山的地位不容忽视，2021 年其增加值比上年增长 9.3%，而从产品产量的角度来看，增长率较高的产品见表 3-4。

表 3-4　2021 年佛山传统优势产业及产品产量增长情况[①]

传统优势产业	增长率	产品	增长率
食品饮料业	10.9%	半导体分立器件	136.2%
纺织服装、服饰业	7.1%	工业机器人	96.4%
家具制造业	3.4%	家用燃气热水器	51.8%
建筑材料业	11.6%	家用燃气灶具	47.7%
金属制品业	11.4%	塑料制品	31.5%
家用电力器具	7.6%	—	—

而在第三产业中，2021 年佛山的现代服务业实现 3220.55 亿元，增长 5.8%。交通运输、仓储和邮政业增长 18.6%，批发和零售业增长 11.3%，住宿和餐饮业增长 14.0%，金融业增长 4.2%，房地产业下降 1.1%，其他服务业增长 8.1%。

4. 设计产业

佛山是我国工业设计的重镇，早在 2009 年，国内规划的最大的工业设计产业基地——广东工业设计城就在顺德挂牌。成立仅半年时间，设计城的直接效益就高达 1 亿元，撬动制造业工业产值超百亿元。截至 2021 年年底，广东工业设计城已聚集了设计研发人员 8623 人，吸引了 285 家国内外设计企业入驻，孵化原创品牌 50 多个，先后荣获国内外设计奖项

---

① 数据来源：《2021 年佛山市国民经济和社会发展统计公报》，本课题组整理制表。

380 多个，拥有 5000 多项知识产权；园区内企业创新设计产品转化率近 85%，成为粤港澳大湾区重要的工业设计产业核心集聚区，以工业设计赋能区域经济高质量发展，助力制造业转型升级。

2019 年，佛山制定出台了《佛山市人民政府办公室关于加快工业设计发展的指导意见》《佛山市工业设计发展扶持专项资金管理办法》等政策文件，提出塑造"佛山工业设计"品牌、打造工业设计与制造业融合发展创新区、推动工业设计与制造业聚合化发展、加快工业设计引智育才步伐、建设高质量工业设计服务载体等举措。

目前，佛山已逐步构建起"政府大力推进、市场有效驱动、企业协同创新、专业人才支撑"的工业设计产业创新体系，拥有 8 个国家级工业设计中心和设计企业。2021 年，佛山共获得专利授权 96487 项，其中实用新型和外观设计专利合计 88181 项；全市拥有中国驰名商标 163 件。

从具体的设计领域来看，装备制造业是佛山第一支柱产业。2021 年广东徐工建机智能制造基地在佛山正式启动。徐工是中国工程机械行业的龙头企业，此次落户佛山市南海区，既是徐工投身大湾区建设的重要举措，也是佛山发展高端装备制造业的重要成果，未来建成投产预计可实现年销售收入 25 亿元。

作为珠江西岸先进装备制造业的龙头，佛山市大力发展包括工程机械在内的通用装备、专用装备、环保装备，推动装备制造产业的集聚化、规模化、高端化、智能化发展。据《佛山日报》报道，装备制造业增加值自 2016 年以来年均增幅均超过 10%，产业规模突破万亿元，占全市工业增加值的 30% 以上。

另一方面，以家用电器、陶瓷建材、家具家居、金属材料加工为代表的泛家居产业也是佛山的设计强项。在佛山市的"十四五"规划中，明确表示要以智能家电、家具、陶瓷、建材、绿色照明、高端纺织等领域为重点，延伸发展工业设计、电子商务等泛家居产业服务配套，推动佛山家居名镇、建陶小镇、织梦小镇建设，巩固提升佛山泛家居产业集群在国际国内的知名度和市场份额。

另据《佛山日报》报道，2020 年泛家居产业为佛山创造产值 10719 亿元。"有家就有佛山造"已成为享誉全国、蜚声国际的口号。2021 年，中国流行色协会与佛山市陶瓷学会、佛山市柏飞特工业设计有限公司共同发起成立佛山泛家居设计创新协同联盟，协会还在佛山举办了第十三届亚洲色彩论坛。泛家居设计创新协同联盟通过产学研结合，引入高校专家组成专委会，设立中国流行色协会科技服务站，为泛家居产业发展助力，推动设计与科技、文化、商业等创新要素的深度融合。

此外，2021 年以"设计互联、智享全球"为主题的中国设计活动日暨广东工业设计城创新设计周活动顺利举办、天猫淘宝海外（顺德）创新设计中心揭幕、中德设计服务中心启动、智能制造产训中心和版权服务中心揭牌成立……面对疫情防控新常态，数字经济与工业互联进程加快，佛山正持续助推泛家居产业与优秀电商平台合作，大力支持企业以跨境电商创新发展为核心，探索"设计 + 数字经济"的产业新路径。

展望未来，广佛协同发展，佛山将致力于打造"中国工业设计与制造业融合发展创新区"，构建"一核双基两翼两圈"，推动泛家居和装备制造两个超万亿元的产业创新发展，并与智能制造装备、新材料、大健康三大百亿元级特色产业链，新能源、智能安全、电子信息三大未来产业链，形成"233"重点产业链格局。在科技与设计的协同带动下，加速迈向产业链、价值链的中高端，共同把握数字经济的新机遇。

七、东莞设计产业布局与年度回顾

东莞位于珠江口东岸，因地处广州之东，盛产莞草而得名。它历史悠久，乘着改革开放的春风，如今已发展成一个千万人口的特大城市。

1. 城市定位

东莞与广州、深圳、惠州接壤，处于广深经济走廊的中间段。作为"广东四小虎"之首，东莞以制造业起家，成就了"世界工厂"的美誉。因此，在大湾区的发展规划中，东莞的定位是国际制造中心。同时，东莞也是广东重要的交通枢纽和外贸口岸，正在积极推进与广州的港口以及城市轨道交通的一体化。

2. 产业结构

2021 年，东莞经济稳中向好，成功迈上"双万"新起点，成为地区生产总值过万亿元、人口超千万人的城市，实现"十四五"的良好开局。

根据最新的统计数据，2021 年东莞实现地区生产总值（初步核算数）10855.35 亿元，比上年增长 8.2%；人均地区生产总值 103284 元，增长 7.8%，其 GDP 构成如图 3-12 所示。其中，第一产业的增加值为 34.66 亿元，增长 11.8%；第二产业的增加值为 6319.41 亿元，增长 10.5 %；第三产业的增加值为 4501.28 亿元，增长 5.1%。与前五年相比，以制造业和建筑业为主的第二产业占比进一步增强。制造业主导的发展形势，表明了东莞对发展国际制造业中心定位的实力支撑。

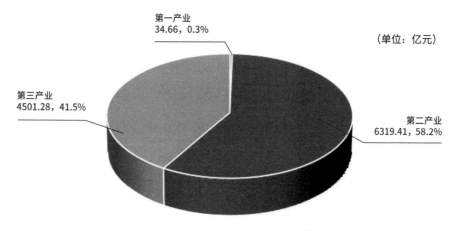

第一产业
34.66，0.3%

（单位：亿元）

第三产业
4501.28，41.5%

第二产业
6319.41，58.2%

图 3-12　2021 年东莞市 GDP 构成[1]

---

[1] 数据来源：《2021 年东莞市国民经济和社会发展统计公报》，由本课题组制图。

3. 产业布局

改革开放以来，东莞迅速发展为现代制造业名城，逐步形成了门类齐全、配套完善、技术先进、涉及 30 多个行业和 6 万多种产品的制造业体系。在这个过程中，从 1985 年撤县建市到 1988 年从县级市升级为地级市，由于区域面积并未随之显著扩大，东莞形成了独特的以产业集群为特色的街镇模式，如石龙电子信息、大朗毛织、虎门服装、长安五金模具、大岭山家具、厚街鞋业、茶山食品等。东莞逐渐发展出五大支柱产业和四大特色产业，如图 3-13 所示。由此，东莞逐渐获得了"世界计算机之都""世界玩具之都""世界鞋业之都"和"南派服装名城"等美誉。

五大支柱产业

电子信息制造业、电气机械及设备制造业、纺织服装鞋帽制造业、食品饮料加工制造业和造纸及纸制品业。

四大特色产业

家具制造业、化工制造业、包装印刷业和玩具及文体用品制造业。

图 3-13　东莞的五大支柱产业和四大特色产业

根据最新的数据，2021 年，东莞规模以上工业五大支柱产业增加值比上年增长 9.1%；四大特色产业增长率达到 16.6%。东莞先进制造业增加值比上年增长 0.6%；高技术制造业增加值比上年增长 8.2%。比较而言，传统制造业在东莞占据一定的优势。2021 年，东莞优势传统产业增加值比上年增长 9.3%。具体产业的增长情况见表 3-5。

表 3-5　2021 年东莞各类产业增长率情况[①]

先进制造业	增长率	高技术制造业	增长率	传统优势产业	增长率
先进装备制造业	9.1%	医药制造业	29.6%	食品饮料业	10.5%
高端电子信息制造业	−9.0%	航空、航天器及设备制造业	−20.5%	纺织服装、服饰业	2.6%
生物医药及高性能医疗器械	21.2%	电子及通信设备制造业	3.1%	家具制造业	18.9%
先进轻纺制造业	9.3%	计算机及办公设备制造业	49.2%	建筑材料业	3.9%
新材料制造业	7.5%	医疗仪器设备及仪器仪表制造业	15.0%	金属制品业	12.8%
石油化工产业	9.5%	—	—	家用电力器具	7.5%

从服务业的情况来看，2021 年东莞现代服务业增加值为 2814.73 亿元，比上年增长 3.2%；规模以上服务业企业实现营业收入 1615.87 亿元，比上年增长 13.5%；利润总额为 304.11 亿元，比上年增长 14.6%。分行业看，信息传输、软件和信息技术服务业营业收入增长 11.2%，文化、体育和娱乐业增长 49.8%，房地产业增长 14.2%，交通运输、仓储和邮政业增长 26.2%。

4. 设计行业

从工业设计的角度来看，目前，东莞拥有 2 个国家级工业设计中心：OPPO 广东移动通信有限公司工业设计中心和维沃移动通信有限公司工业设计中心。手机制造是东莞的特色产业，2021 年手机的产量达到 2.45 亿台。从出口来看，除了手机、电子元件、电工器材，机电产品是东莞出口的支柱，2021 年的出口额达到 6745.15 亿元，比上年增长 8.1%，占东莞出口总额的 70.6%。

2021 年，东莞获得 94573 件国内专利授权，比上年增长 27.3%；其中，实用新型和外观专利的授权量合计为 82883 件。目前，东莞拥有 61 家众创空间，其中国家级的有 22 家、省级的有 14 家、市级的有 10 家。同时，

---

① 数据来源：《2021 年东莞市国民经济和社会发展统计公报》，由本课题组整理并制表。

东莞还在大力推进科技信贷、科技保险等工作。

此外，在会展经济方面，东莞也积累了比较多的资源，一批高规格的专业展览，有力地推广了东莞产业，带动了地方经济。2019 年，在东莞市人民政府的主导下，已经持续举办 46 届，积累 23 年声誉的国际名家具（东莞）展览会更名为东莞国际设计周。作为国内第一家通过全球展览业协会权威认证的专业家具展，国际名家具（东莞）展览曾经是亚洲规模最大、国内最具代表性的专业家具展。2021 年，东莞国际设计周在疫情反复的特殊背景下顺利举办，为整个家居行业提振信心，释放了积极的信号。

具体来看，2021 年东莞国际设计周共开设七大品牌展馆、八大特色IP 主题展，60 万平方米的规模，汇聚超 1100 家海内外家居品牌，几乎涵盖了整个大家居产业链。同时，服装和珠宝作为东莞的重要产业，这一次被吸纳进来，成为本届东莞设计周的一个亮点。而 2021 年最大的转变，就是以"设计 + 大家居产业"为导向，从成品向定制和全案转型。

除了东莞国际设计周，2021 年，有"中国会展名镇"之称的厚街镇还举办了两个国家级展会。其中，东莞加工贸易产品博览会是我国唯一直接服务于加工贸易转型升级的国家级博览会，致力于在内外贸市场推动全国外商投资企业、加工贸易企业加快转型升级，提升产品质量和附加值，拓宽销售渠道。而国际影视动漫版权保护和贸易博览会则是以动漫贸易为主、以动漫衍生品销售为辅的国家级年度展会，旨在整合全球先进动漫资源，完善动漫产业链条，搭建动漫版权交易平台，探索动漫产业运营模式，打造影视动漫版权保护和贸易的最佳交易平台。2021 年以"新时代 新动漫"为主题的国际影视动漫版权保护和贸易博览会受疫情影响采取线上 + 线下融合的办展模式，线下展览面积超 2 万平方米，包括三大主题展、七大专业展区，三大主题论坛；另有 10 场线上 + 线下产业对接活动，吸引了国内外 500 多家影视动漫垂直领域的团体和企业以及 1000 多知名 IP 的参与，超 700 万人次通过主流媒体、ACTIF 云平台等渠道线上观展。

此外，东莞还拥有中国（虎门）国际服装交易会，该交易会始于 1996 年，每年举办一届，目前已成为国内服装领域最具影响力的专业展会之一。除了会展经济，近年来东莞还积极推动工业旅游，如道滘镇的诺华家具博物馆、茶山镇的圣心糕点博物馆，工业旅游除了常规博物馆的展陈外，还特别注重现场制作体验，既传播了当地的文化，又与特色产业联动，是值得关注的新业态。

八、惠州设计产业布局与年度回顾

惠州是国家历史文化名城，地处珠三角东北部，属于粤港澳大湾区东岸，是客家文化、广府文化和潮汕文化的交汇地带，也是客家人的重要聚居地和集散地之一。

1. 城市定位

惠州西接广州、东莞、深圳，外接粤东、粤北地区，是广东省海洋资源比较丰富的城市，良港较多。惠州下设仲恺高新技术产业开发区和大亚湾经济技术开发区两个国家级开发区。在大湾区的发展规划中，惠州被定位为绿色化现代山水城市，生态担当，全面对接深圳东进战略，对接广州东扩发展态势，加快创新平台建设。

2. 产业结构

根据最新的统计数据，2021 年惠州地区生产总值（初步核算数）为 4977.36 亿元，人均地区生产总值 为 82113 元，增长率分别达到 10.1% 和 9.3%，其 GDP 构成如图 3-14 所示。其中，第一产业的增加值为 232.54 亿元，增长 10.2%；第二产业的增加值为 2652.76 亿元，增长 14.4%；第三产业的增加值为 2092.06 亿元，增长 5.3%。相较其他城市，惠州的农业占比接近 5%，工业相对优势，占比超过 50%，第三产业占比为 42%。

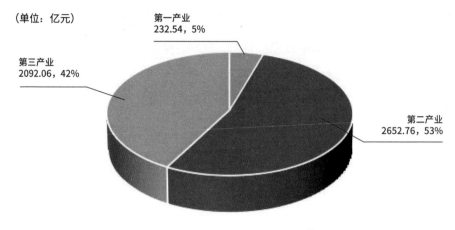

（单位：亿元）

第一产业
232.54，5%

第三产业
2092.06，42%

第二产业
2652.76，53%

图 3-14　2021 年惠州市 GDP 构成 [①]

3. 产业布局

按照"十四五"规划，惠州致力于打造"2+1"现代产业体系，着力巩固石化能源新材料、电子信息两个万亿元级产业集群的领先地位，高质量建设世界级绿色石化产业基地，做大智能终端、平板显示、汽车电子、新能源电池等领域的产业规模；加快培育生命健康产业，打造"医、药、养、游"一体化产业集群，如图 3-15 所示。同时，积极构筑新兴产业体系，壮大现代服务业、先进装备制造业和战略性新兴产业，加快推进 5G、新能源电池、人工智能等前沿产业，补强软件和信息服务业，充分利用惠州海洋资源优势，大力发展海洋经济，积极建设以海岛旅游为主的海洋旅游产业集群。

2021 年是"十四五"的开局之年，根据最新的统计数据，惠州全部工业增加值比上年增长 13.3%。全年规模以上工业企业 3114 家，增加值增长 14.1%。这其中，电子行业增长 13.9%，石化能源新材料行业增长 11.9%，生命健康制造业增长 8.2%。先进制造业、高技术制造业占规模以上工业增加值的比重分别为 64.1% 和 43.8%。

---

① 数据来源：《2021 年惠州市国民经济和社会发展统计公报》，由本课题组制图。

**推动实体经济高质量发展
构建更具竞争力的现代产业体系**

• **重点打造"2+1"产业集群**

石化能源新材料

石化：埃克森美孚惠州乙烯、中海壳牌惠州三期乙烯、恒力PTA项目建设

新材料：先进有机原料和合成材料、新能源材料、电子化学品

能源：太平岭核电一期、二期，港口海上风电等清洁能源、新能源

生命健康

发展方向：现代中药、医疗器械、化学制药、生物医药、健康保健

电子信息

三大主导：智能终端、超高清视频、智能汽车电子

三个高端新型：核心基础电子、新能源电池、人工智能

一个支撑：信息技术服务

• **加快培育壮大新兴产业**
• **积极推动海洋经济发展**
• **加快推动传统优势产业转型升级**
• **促进现代服务业与制造业融合发展**

图 3-15 惠州产业体系布局

4. 设计产业

惠州市从政府层面是比较重视设计产业的，早在 2013 年就发布过《惠州市人民政府办公室关于加快我市设计产业发展的实施意见》，提出重点发展工业设计、平面设计、建筑与环境设计、动漫设计、文化创意设计、工艺美术设计等领域；重点培育建设仲恺电子产品创新设计园、惠东女鞋工业设计园、惠东艾米动漫文化创意产业园、水口丝光棉基地、博罗园洲时尚休闲服装工业设计园、惠阳文化创意产业园、龙门农民画文化创意产业园等一批以工业设计、文化创意、工艺美术等为主的设计产业集聚区。

为此，惠州还先后出台了多项支持设计产业发展的扶持政策，如对新认定为国家级、省级工业设计中心或工业设计研究院的企业，分别给予一次性奖励 100 万元和 50 万元，对新获中华人民共和国工业和信息化部认定的中国优秀工业设计奖项作品，每件给予一次性奖励 30 万元；对新获"省长杯"工业设计大赛钻石、金、银、铜奖（含单项奖）的作品，每件分别给予一次性奖励 25 万元、20 万元、15 万元和 10 万元。

同时，惠州也比较重视加强人才培育与引进，推动行业协会等机构的发展，提升惠州设计品牌价值。目前惠州拥有 2 个国家级工业设计中心——TCL 集团股份有限公司工业设计中心和惠州市德赛西威汽车电子股份有限公司工业设计中心，以及 9 家省级工业设计中心。

此外，2021 年两会期间，来自惠州的全国人大代表丁明也特别提到工业设计，他认为工业设计在制造业领域的应用不断扩大，建议全方位发展自主研发的工业设计软件，保护知识产权，不断提升创新设计能力。

综合来看，惠州立足自身的资源禀赋和发展定位，正抓住"双区"建设的重大机遇，加快形成优势互补的区域经济布局。未来，惠州将主动承接深圳科技创新资源和优势产业溢出，积极参与国际科技创新中心建设，力争成为粤港澳大湾区科技创新成果转化基地。

在设计产业发展方面，惠州将持续开展提升行动，并酝酿举办具有惠州特色的工业设计大赛，希望打造一批知名设计企业，展示惠州设计创新的成果，提升惠州制造业的含金量和影响力。同时，惠州也在规划建设一批有产业特色的工业设计园区，通过发挥园区在集聚产业发展、加速孵化等方面的突出作用，吸引国内著名的设计企业、设计团队和设计师在惠州落户或设立研发中心，加快实体经济与工业设计的深度融合，提高工业设计成果的转化率。

九、中山设计产业布局与年度回顾

中山是国家历史文化名城，孙中山先生的故乡。中山古称香山，1925年，为纪念孙中山先生改名为中山县；1988年1月升格为地级市。中山是广府文化的代表城市，也是著名的华侨之乡。

1. 城市定位

中山位于珠江口西岸的中段，北接广州、佛山，西邻江门，南连珠海，是重要的节点城市。中山拥有1个国家级开发区——中山火炬高技术产业开发区和1个经济协作区——翠亨新区。在粤港澳大湾区的发展规划中，中山的定位是珠江西岸区域科技研发中心，珠江东、西两岸区域型交通枢纽。

2. 产业结构

根据最新的统计数据，2021年中山实现地区生产总值（初步核算数）3566.17亿元，比上年增长8.2%，人均地区生产总值为80157元，增长7.2%，其GDP构成如图3-16所示。其中，第一产业的增加值为90.81亿元，增长20.4%，对地区生产总值增长的贡献率为5.5%；第二产业的增加值为1761.78亿元，增长11.0%，对地区生产总值增长的贡献率为64.0%；第三产业的增加值为1713.58亿元，增长5.0%，对地区生产总值增长的贡献率为30.5%。比较而言，第二产业的比重提高了1.6%，基本上与第三产业平分秋色。

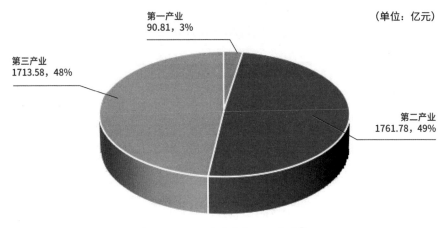

图 3-16　2021 年中山市 GDP 构成[①]

3. 产业布局

中山是一个产业结构多样化的工业城市，曾经位列"广东四小虎"，同时它与东莞一样，是全国 4 个不设区的地级市之一，属于街镇主导型的经济发展模式。改革开放以来，中山先后建成装备制造、电子信息、家用电器等 3 个千亿元级产业集群，催生了古镇灯饰、小榄五金、大涌红木家具、港口游戏游艺设备等 18 个产业特色鲜明的专业镇，拥有 38 个国家级产业基地，是大湾区产业链较完备的城市之一。

根据中山市的"十四五"规划，加快建设现代产业体系，推动制造业高质量发展，中山市正致力于打造"4+6+4"制造业集群，如图 3-17 所示，即做大做强智能家居、电子信息、装备制造、健康医药四大战略支柱性产业集群，培育壮大半导体及集成电路、激光与增材制造、新能源、智能机器人、精密仪器设备、数字创意六大战略性新兴产业，发展纺织服装、光电、美妆、板式家具四大特色优势产业。

---

① 数据来源：《2021 年中山市国民经济和社会发展统计公报》，由本课题组制图。

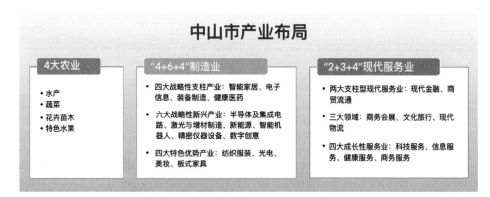

图 3-17 中山市三大产业基本布局

从统计数据来看，2021 年，中山全部工业增加值比上年增长 10.7%，规模以上工业增加值增长 12.0%，增长形势喜人。其中，高技术制造业占规模以上工业增加值的比重为 16.2%，增长率为 12.0%；先进制造业占规模以上工业增加值的比重为 48.4%，增长率达到 11.4%；装备制造业占规模以上工业增加值的比重为 34.0%，增长率达到 12.8%。

电子电器、五金家电、灯饰光源、装备制造、健康医药、纺织服装是中山的传统优势产业。2021 年，中山优势传统产业增加值比上年增长 11.2%，见表 3-6。相对而言，优势传统制造业在中山市占有重要的一席之地。

表 3-6 2021 年中山主要工业产品和传统优势产业增长率情况[①]

主要工业产品	增长率	传统优势产业	增长率
集成电路	205.8%	食品饮料业	2.6%
布	82%	纺织服装、服饰业	14.3%
鞋	74.5%	家具制造业	24.3%
家用燃气灶	47.5%	建筑材料业	10.5%
智能电视	40.2%	金属制品业	14.0%
家用洗衣机	36.2%	家用电力器具	9.1%
家具	34.3%	—	—

① 数据来源：《2021 年中山市国民经济和社会发展统计公报》，由本课题组整理并制表。

而从第三产业的发展来看，2021 年，中山全年规模以上服务业企业实现营业收入 424.29 亿元，比上年增长 10.2 %；利润总额为 63.47 亿元，增长 4.5%。其中，高技术服务业营业收入增长 6.2%。

目前，中山拥有高新技术企业 2294 家，国家企业技术中心 5 家，省级企业技术中心 109 个。当下，中山正在为打造全国制造业一线城市，打造现代服务业发展高地，加快建设现代产业体系，如图 3-18 所示。

加快建设现代产业体系

推动制造业高质量发展

- 培育"4+6+4"先进制造业产业集群，做大做强智能家居、电子信息、装备制造、健康医药四大战略性支柱产业集群，培育壮大半导体及集成电路、激光与增材制造、新能源、智能机器人、精密仪器设备、数字创意六大战略性新兴产业，做优做强纺织服装、光电、美妆、板式家具四大特色优势产业集群
- 建设"3+4"重大产业平台，着力打造火炬开发区（产业园）、翠亨新区（产业园）、岐江新城3个核心产业平台，加快建设中山科学城、南部新城、北部产业园、西部产业园4个万亩级产业平台
- 打造全国制造业一线城市

打造现代服务业发展高地

- 构建"2+3+4"现代服务业体系，做强做优现代金融、商贸流通两大支柱型现代服务业，重点推动商务会展、文化旅游、现代物流三大领域突破发展，加快发展科技服务、信息服务、健康服务、商务服务四大成长性服务业
- 打造"双核支撑、多区联动"的现代服务业发展新格局

打好产业基础高级化和产业链现代化攻坚战
加快发展数字经济

图 3-18 中山市三大产业基本布局

4. 设计行业

对于行业，中山市从政府层面予以高度重视。早在 2013 年，中山市就发布了《中山市人民政府办公室关于促进中山市设计产业发展的实施意见》，提出重点发展工业设计、平面设计、建筑与环境设计、时尚设计、动漫设计、文化创意设计、网络文化设计、新媒体设计、工艺美术设计、商业模式及服务设计等领域，计划把小榄镇"中山市工业设计产业园"建设成省级以

上工业设计示范园，引进和培养 500 名以上拥有国家职业资格的设计人才，促进家电、家具、灯饰、服装、包装印刷、五金机械和软件动漫等行业的设计水平达到国内领先水准。

同时，中山还陆续出台一些奖励优惠政策，如企业用于设计的研究开发费用，按税法规定享受企业所得税税前扣除政策；设计企业被认定为软件企业的，可按税法规定享受软件企业相关税收优惠政策，被认定为高新技术企业的，按税法规定享受高新技术企业相关税收优惠政策；2021 年，还发布了"中山市 2021 年省级促进经济高质量发展专项（工业企业转型升级）工业设计能力提升资金项目扶持计划"。

从工业设计的角度来看，目前，中山市拥有 1 个国家级工业设计中心——华帝股份有限公司设计创新中心。2021 年，中山市开展了首批市级工业设计中心认定工作。同时，为了推进工业设计的发展，还组织了工业设计大赛分享论坛。

作为国内照明灯具设计制造的重镇，中山古镇被称为"中国灯饰之都"，在国内灯饰市场的占有率约为 70%。2021 年中山市举办了"古镇杯"中国国际照明灯具设计大赛。这项大赛作为国家绿色照明三期国际项目的子项目，获得国家发展改革委与联合国开发计划署、全球环境基金的支持，至今已成功举办十届。大赛期间还举行了"首届大湾区时尚家居设计周"活动，该活动汇聚了国内外的设计精英和知名泛家居与灯饰品牌。为了发挥服装设计对中山服装产业转型升级的推动作用，中山市还设立了"沙溪休闲服装设计专项赛"，力图将沙溪镇打造成休闲服装外贸转型升级示范基地，在国际休闲时尚行业树立沙溪品牌。

此外，2021 年是"十四五"的开局之年，也是中山"3+4"重大产业平台建设的谋篇之年，火炬开发区、翠亨新区、岐江新城 3 个核心平台和中山科学城、香山新城、中山北部产业平台、西部产业园 4 个万亩级重大产业平台正在紧锣密鼓地展开城市设计规划。

而从文化创意产业的角度来看，2021 年，中山市文化及相关产业的增加值为 120.04 亿元，占地区生产总值的比重为 3.4%。助力文旅产业发展成为中山设计的一项重要使命。2021 年，中山市以"匠心非遗 文创中山"为主题，举办了首届非遗文创设计大赛，希望以此推进非物质文化遗产活化利用与活态传承。

同时，从供给侧改革的角度来看，当下的中山正以文化引领产业的转型升级。中山是目前国内最大的游乐设备产业基地，占全国市场份额的 50%，出口占 70%。这里生产出第一台中国制造的游乐设备，诞生了中国第一家生产游乐设备的公司——金马，并裂变出金龙、金鹰、金羊、金狮、金鼎等众多公司。

作为国内最大的游戏游艺产业基地，中山打造产业展示交易平台，连续 14 年举办游博会（中山国际游戏游艺博览会），2021 年还联合举办了中国（中山）国际文旅产业博览会，后者成为建设珠三角文化会展产业带的重要展会之一。此外，2021 年金马率先开创国内游戏游艺领域的第一个数字文旅产业园，开辟蓝海市场，积极启动转型。目前，中山的游戏游艺产业正在向影视、文学、动漫、音乐及相关衍生品市场等领域拓展，而灯饰、家电、五金、红木家具等行业也在不断注入文化元素，走制造业与文创、文旅融合的高质量发展之路。

十、江门设计产业布局与年度回顾

江门，别称"五邑"，历史悠久，文化底蕴深厚，拥有世界级文化遗产开平碉楼，是广府文化的代表城市之一，有中国第一侨乡之称。

1. 城市定位

江门位于广东省中南部，珠三角的西部，东与佛山、中山、珠海相邻，西接云浮、阳江，南面向海，有 561 个大小海岛，拥有海岛数量居全省第二。江门区位优势突出，腹地广阔，在粤港澳大湾区发展规划中，是重要的节点城市，定位为全球华侨华人双创之城，是沟通粤西与珠三角传接的中卫。

2. 产业结构

根据最新的统计数据，2021 年江门实现地区生产总值为（初步核算数）3601.28 亿元，比上年增长 8.4%，人均地区生产总值为 74722 元，增长率为 7.5%，其 GDP 构成如图 3-19 所示。其中，第一产业的增加值为 294.89 亿元，增长 9.8%；第二产业的增加值为 1640.66 亿元，增长 11.1%；第三产业的增加值为 1665.73 亿元，增长 5.7%。比较去年，第二产业的比重提高了 1.9%，实现与第三产业持平。而在第三产业中，现代服务业的增加值达到 1020.80 亿元，较上年增长 4.8%，在服务业增加值中占比达到 61.3%。

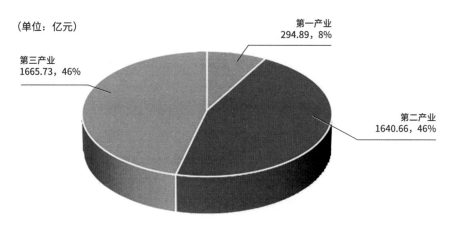

图 3-19　2021 年江门市 GDP 构成[①]

3. 产业布局

江门是广东省传统工业基地，有着上百年发展的积累和沉淀，而且作为珠江口西岸城市，具有土地资源丰富、企业运营成本低等优势。在

---

① 数据来源：《2021 年江门市国民经济和社会发展统计公报》，由本课题组制图。

2021 年印发的《广东省制造业高质量发展"十四五"规划》中，江门不仅是全部 20 个省战略性产业集群的布局城市，而且是其中 8 个战略性产业集群的核心城市。因此，坚持"工业立市、制造强市"，深入推进"工业振兴"工程，保持制造业比重稳中有升，成为江门重要的发展战略。

具体来看，根据江门市"十四五"规划，对照广东省 20 个战略性产业集群，立足江门现有的产业基础及新兴产业的未来发展趋势，江门制定了"5+N"的产业体系规划（表 3-7），坚持新兴产业与传统产业两手抓，构建一批超千亿元、超五百亿元、超百亿元产业集群成长梯队。

表 3-7　江门产业体系规划[①]

产业级别	产业规划
超千亿元 产业集群	围绕新材料、大健康、高端装备制造、新一代信息技术、新能源汽车及零部件等五大新兴产业打造超千亿元产业集群。
超五百亿元 特色产业集群	做优做强金属制品、造纸和印刷、纺织服装、家电、摩托车及零部件、食品等六大特色优势产业，推动其高端化智能化发展，形成超五百亿元特色产业集群。
超百亿元 产业集群	面向世界科技前沿、经济主战场、国家重大需求，加快引培半导体与集成电路、新能源、激光与增材制造、安全应急与环保、精密仪器设备等产业，培育发展超百亿元产业集群，形成五大新的经济增长点。

作为广东老牌工业城市，江门目前拥有 2 万多家工业企业。在工业的 41 个大类行业、207 个中类行业和 666 个小类行业中，江门拥有 35 个工业大类、142 个工业中类和 349 个工业小类，拥有 24 个国家级产业基地和 6 个省级产业基地。根据最新的统计数据，2021 年江门全部工业增加值比上年增长 12.9%，规模以上工业增加值增长 14.7%，其中轻工业增长 7.7%，重工业增长 20.3%。

---

① 数据来源：《2021 年东莞市国民经济和社会发展统计公报》，由本课题组整理并制表。

2021 年，江门先进制造业占规模以上工业增加值的比重为 40.8%，较上年提高 1.4%，增长率为 16.8%；高技术制造业占规模以上工业增加值的比重为 12.7%，比上年提高 0.9%，增长率为 32.0%；规模以上优势传统产业的增加值比上年增长 10.8%，其中，纺织服装业下降 3.6%，食品饮料业增长 9.0%，家具制造业增长 16.1%，建筑材料业增长 7.3%，金属制品业增长 28.8%，家用电力器具制造业下降 3.2%。

4. 设计产业

江门是广东省老牌制造业基地，拥有 4 个国家级、2 个省级外贸转型升级基地。摩托车及零部件、五金不锈钢制品、水暖卫浴等传统优势产业，仍是外贸"主力军"。同时，江门又是省内工业设计起步较早、发展较快的地市之一，在 2018 年和 2020 年的"省长杯"工业设计大赛中，江门的获奖作品数量排名第二。在 2021 年广交会出口产品设计奖的评选中，江门也取得了一金、两银、三铜的好成绩。

年内，除了江门"市长杯"工业设计大赛之外，第五届中国（恩平）"冯如杯"工业设计大赛、第二届"圭峰杯"工业设计大赛等活动也都产生了一定的社会效应，激励江门工业设计的创新。根据最新的统计数据，目前江门拥有省级工业设计中心 10 家；2021 年，江门市专利授权量达到 21272 件，其中，发明专利 964 件，实用新型 12827 件，外观设计 7481 件。

比较而言，近来江门设计产业的发展主要受两方面因素的推动。一方面，工业立市、制造强市的发展战略进一步激发了对工业设计产业的需求。制造业的高质量发展离不开工业设计的助推。目前，江门被广东省列为核心布局城市的四大战略性支柱产业是智能家电、现代轻工纺织、生物医药与健康、现代农业和食品。推动智能家电产业集约化高端化发展，推动现代轻工纺织产业提档升级，做大做强生物医药与健康产业，巩固提升现代农业和食品产业优势地位，会使江门设计产业大有可为。

目前，在潭江北岸，新会司前、鹤山址山、开平水口三镇沿江串起的金属制品产业带，正在探索数字化发展的突破口。隔江而望的新会银洲湖，正依托维达、亚太森博等纸业巨头，力争打造世界先进水平的造纸产业链循环经济示范基地。而江门凭借 20 世纪七八十年代积攒下的现代轻工纺织产业基础，正在向着"具有全国竞争力的现代轻工纺织产业集群"目标迈进，设计成为传统产业保持竞争优势的关键力量。

同时，江门市也在对高端装备制造、智能机器人、激光与增材制造、安全应急与环保四大战略性新兴产业进行布局，加大力度招商引资，探索建立"总部 + 基地""研发 + 生产"的合作模式，积极承接先进城市的产业外溢，推动经济转型升级。事实上，随着土地成本和人力成本的上升，广佛、深莞等地的企业也开始关注江门。为此，江门积极推行"链长制"，抓好重点产业链的培育发展，构建"链主企业 + 骨干企业 + 高成长企业"的产业生态。

产业的升级扩容带来设计需求的增长。目前，江门本地工业设计的力量相对不足，一些有设计需求的企业会转向香港、顺德、广州等地的专业公司购买服务。例如，摩托车产业是江门的传统优势产业，近年来面临转型升级的压力，不少企业都希望借助工业设计提升摩托车产品的竞争力和附加值，借此开拓国外市场。广东广天机电工业研究院是一家为摩托车企业提供工业设计服务的专业机构，与江门本地的大部分摩托车企业都有合作。而另一些企业会加大投入，独立引进、培育组建自己的工业设计创新团队，加大研发力度。

可以说，工业设计日益受到江门企业的重视。为此，江门市除了举办工业设计大赛推动企业认识设计的价值，组织推选市级、省级工业设计中心和设计业的杰出青年、设计人才，也在积极组织企业赴友邻城市考察学习，或邀请国内外知名工业设计专家、设计机构走进产业集群、走进企业，谋划以顺德的广东工业设计城为样本，建设以工业设计为主导产业的园区，建立起集基础研究、功能设计、营销设计和知识产权保护等为一体的服务体系。

同时，江门市也注重引导设计师参加国际设计大赛。近年来，江门在五金卫浴、照明、文创等领域获得多项德国 iF、红点奖（Red Dot）及美国工业设计优秀奖（International Design Excellence Awards, IDEA）大奖，大大提升了江门设计的国际影响力。例如，江门开平市汉顺洁具实业有限公司研发的一款花洒产品，其切换结构同时申请了发明专利和实用新型专利，广受国内外欢迎，已获得德国 iF 奖和红点奖。

对于江门来说，提升制造业数字化、网络化、智能化水平，培育一批专精特新"小巨人"和"单项冠军"企业，推动工业企业"小升规"成为一种策略。例如，位于新会区沙堆镇的江门市海星游艇制造有限公司，近年来不仅在广东省"省长杯"工业设计大赛及江门市"市长杯"工业设计大赛中屡获大奖，还连续多年荣获中国游艇最佳设计奖。虽然该公司的规模与制造业的大企业无法相提并论，但是它已经成为全球顶尖的游艇制造企业之一，在国内中大型游艇市场的占有率高达 70%，而设计正是它的强项之一。

设计是创新链的起点，也是价值链的源头。在今天技术和消费不断升级的形势下，不论是传统优势产业还是高新技术产业，都迫切需要设计的力量介入进来。除了与第二产业密切相关的工业设计，另一个推动江门设计产业发展的因素，是特色农业和文旅产业的利好影响。

所谓食在广州，产在江门，第一产业在江门的 GDP 产值、占比都比较可观。江门在农林牧渔等领域拥有很强的实力，其港澳生猪供应约占全国供应量的 16.7%，港澳蛋制品供应量约占港澳市场的 90%。目前，江门拥有广东省认定的特色农产品优势区 11 个，累计培育地理标志农产品 16 个、农产品区域公用品牌 48 个，数量均在全省排名第一。而新会陈皮以 96.34 的影响力指数，位居 2020 中国区域农业产业品牌中药材产业排名榜之首。

2021 年，新会陈皮、大米、茶叶、鳗鱼、马冈鹅、禽蛋等江门六大特色优势产业正在开展全链条产值倍增升级行动，力争到 2023 年总产值达 676 亿元以上；建设粤港澳大湾区（江门）"中央大厨房"项目产业集群，引领推动现代农业与食品加工、物流运输、餐饮服务等产业深度融合。而在这个过程中，从包装到品牌形象，从传播推广到电商运营，设计日益成为现代农业转型升级的重要手段。

从特色农业到文旅产业，设计成为产业创新发展的新引擎。作为珠三角及港澳地区与粤西连接的重要交通枢纽，已开通的广珠城际把江门纳入了珠三角一小时经济圈，江门的文旅产业搭上了发展的快车。2021 年，江门全年旅游总收入 124.83 亿元，比上年增长 20.8%。2021 年 9 月，以"中国侨都 诗邑江门"为主题，80 家来自江门的文旅企业参展广东国际旅游产业博览会，集中展示侨乡文化，推介江门的旅游资源。

当下，设计一方面成为文旅产业升级的内在需求。2021 年，为适应旅游和商业的发展，江门一些街镇，如塘口镇开展风貌提升工程，一方面修缮村落、保护自然环境，一方面完善商业和公共建筑，由此带动景观设计、品牌及视觉形象设计产业的提升。

另一方面，设计也是文旅产业创新发展的扩张需求。2021 年，江门启动第二届"设计激活世遗"国际文创大赛活动。而从江门市举办的另一场大赛活动——"乐业五邑"创业创新大赛中脱颖而出的获奖作品《华人华侨宝藏图》项目以及代表侨乡本土文化的 IP 角色——M. Goose 亮相广州设计周，引发广泛关注。正可谓设计服务于产业，也创造自身的产业价值，设计由此成为江门实现高质量发展的重要抓手。

十一、肇庆设计产业布局与年度回顾

肇庆是国家历史文化名城，位于广东省中西部，是广府文化发祥地之一。作为粤港澳大湾区面积最大的城市，肇庆拥有"岭南第一奇观"七星岩，鼎湖山国家级自然保护区，风光秀丽，也是旅游资源丰富的山水城市。

1. 城市定位

肇庆是珠江—西江经济带的重要组成部分，在省内与佛山、云浮、清远接壤，在西部与广西梧州市、贺州市交界，是东南沿海通往西南各省的重要交通枢纽。因此，在粤港澳大湾区的发展规划中，肇庆作为重要的节点城市，其定位是珠三角连接大西南的枢纽门户城市，大湾区通往大西南以及东盟的西部通道。

2. 产业结构

根据最新的统计数据，2020 年肇庆实现地区生产总值 2311.65 亿元，比上年增长 3.0%，其 GDP 构成如图 3-20 所示。其中，第一产业的增加值为 437.27 亿元，增长率达到 5.3%；第二产业的增加值为 902.19 亿元，增长率为 2.4%；第三产业的增加值 972.19 亿元，增长率为 2.6%。肇庆第一产业的占比接近 20%，明显高于大湾区其他城市，表明农业在经济中的重要地位，而第二产业与第三产业基本上平分秋色，相比而言，第二产业的占比略低 3%。

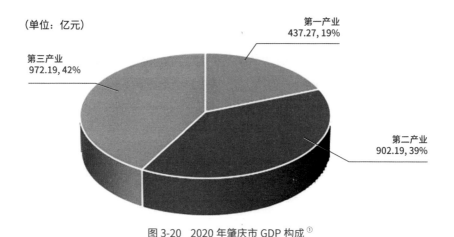

图 3-20　2020 年肇庆市 GDP 构成 [①]

---

① 数据来源：《2021 年肇庆统计年鉴》，由本课题组制图。

3. 产业布局

根据"十四五"规划，肇庆秉持"产业第一、制造业优先"的发展原则，将工业发展视为撬动肇庆高质量发展的支撑点，全力建设粤港澳大湾区制造新城。按照"4+4"的产业体系规划，肇庆加快打造新能源汽车及汽车零部件、金属加工 2 个超千亿元规模的产业集群，做精做强电子信息、建筑材料 2 个超五百亿元的产业集群，加快培育家具制造、食品饮料、精细化工、生物医药等产值超三百亿元的产业集群。

为此，肇庆坚持补缺发展、配套发展、错位发展、特色发展的原则，加强与广州、深圳、珠海等大湾区核心城市的产业合作共建，积极对接广深港、广珠澳科技创新走廊，加快打造粤港澳大湾区创新产业重要承载地、科技成果转化集聚地。

2020 年，肇庆全部工业增加值比上年增长 2.7%，规模以上工业增加值的增长率为 2.6%。分轻重工业看，轻工业下降 2.5%，重工业增长 5.1%。高技术制造业占规模以上工业增加值的比重为 9.3%，增长率为 12.6%；先进制造业占规模以上工业增加值的比重为 33.8%，增长率为 8.4%；装备制造业占规模以上工业增加值的比重为 27.1%，增长率为 12.0%。从具体的产业来看，电子及通信设备制造业增长 20.6%；高端电子信息制造业增长 16.1%；汽车制造业增长 37.3%；优势传统产业中，家用电力器具制造业增长 83.5%，增幅比较明显。

4. 设计产业

对比其他大湾区城市，肇庆的设计产业受限于工业发展和城市建设水平，还处于成长阶段。不过，2020 年，来自肇庆的参赛作品《"智慧能源 + 智慧城市"系统设计打造肇庆新区绿色发展新引擎》荣获第十届广东"省长杯"工业设计大赛产业设计组钻石奖，这是最高级别的奖项，也是肇庆参赛以来获得的最好成绩。该作品不仅提振了肇庆发展设计产业的信心，本身也是肇庆"产城人"融合发展模式的一种体现，将政策规划与工业生态原理、智慧产业发展实践紧密结合。它以肇庆新区作为应用场景，通过智能网联产业升级换代和城市的服务配套，达到产业结构、就业结构、消费结构、人才结构的匹配，从而探索出新型城市的发展模式，促进以产兴城、以城聚人、以人促产的良性循环。

随着肇庆深度嵌入大湾区产业链、创新链，在工业、建筑业和文旅产业的带动下，肇庆的设计产业将迎来一个跨越式发展的新阶段。一方面，肇庆开始注重强化工业设计在产业价值创新中的地位和作用，推动工业设计与产业的结合，以此带动传统制造业的转型升级以及新兴产业的发展。

另一方面，肇庆正在依托星湖旅游景区（七星岩、鼎湖山）、府城微改造项目、端砚文化旅游区、华侨城等核心资源，将中心城区打造成全市旅游集散中心和综合服务集聚区；加快构建"中心城区旅游核心、千里旅游大环线、北回归线神奇景观旅游带"的旅游发展格局。这种全区域、全要素、全产业链的全域旅游，为肇庆设计产业带来发展新机遇。

第三节 粤港澳大湾区工业设计中心发展布局

2021 年，工业和信息化部根据《制造业设计能力提升专项行动计划（2019-2022 年）》和《国家级工业设计中心认定管理办法试行》的有关要求，经推荐、评审、公示等程序，公布确定了第五批国家级工业设计中心及通过复核的第三批国家级工业设计中心，至此，粤港澳大湾区国家级工业设计中心的数量累计达到了 36 个。

一、国家级工业设计中心的城市分布

目前，在大湾区，深圳一枝独秀，以 14 个国家级工业设计中心及设

计企业排在榜首，佛山和广州排在第二、三位，分别拥有 8 个和 7 个国家级工业设计中心及设计企业。此外，珠海、东莞、惠州各拥有 2 个，中山拥有 1 个。

二、粤港澳大湾区国家级工业设计中心名录

具体来看这些国家级工业设计中心及设计企业（表 3-8），之中有不少是来自汽车、家电、家居、钟表这类大湾区传统优势制造产业的；同时，也有来自通信电子、无人机、机器人这类高端制造产业的；此外，还有诸如浪尖、东方麦田这类设计服务企业。整体来看，它们是代表大湾区设计的重要力量。

表 3-8　粤港澳大湾区国家级工业设计中心及企业名录

编号	城市	国家级工业设计中心及设计企业
1	深圳	深圳创维 -RGB 电子有限公司工业设计研究院
2	深圳	中兴通讯股份有限公司中兴通讯终端产品设计中心
3	深圳	飞亚达（集团）股份有限公司创新设计中心
4	深圳	海能达通信股份有限公司工业设计中心
5	深圳	视睿智能终端工业设计中心
6	深圳	华为技术有限公司工业设计中心
7	深圳	深圳市大疆创新科技有限公司工业设计中心
8	深圳	深圳市北鼎晶辉科技股份有限公司节能型家电工业设计中心
9	深圳	深圳市裕同包装科技股份有限公司工业设计中心
10	深圳	深圳市优必选科技股份有限公司机器人工业设计中心
11	深圳	深圳迈瑞生物医疗电子股份有限公司工业设计中心
12	深圳	深圳创维数字技术有限公司工业设计中心

续表

编号	城市	国家级工业设计中心及设计企业
13	深圳	傲基科技股份有限公司企业工业设计中心
14	深圳	深圳市浪尖设计有限公司
15	佛山	美的集团股份有限公司工业设计中心
16	佛山	广东美的制冷设备有限公司工业设计中心
17	佛山	广东新宝电器股份有限公司工业设计中心
18	佛山	小熊电器股份有限公司创意电器工业设计中心
19	佛山	佛山维尚家具制造有限公司全屋定制家具设计创新中心
20	佛山	广州极飞科技股份有限公司工业设计中心
21	佛山	海信容声（广东）冰箱有限公司创新设计中心
22	佛山	广东东方麦田工业设计股份有限公司
23	广州	广州毅昌科技股份有限公司工业设计中心
24	广州	广州广电运通金融电子股份有限公司工业设计中心
25	广州	广汽集团汽车工程研究院概念与造型设计中心
26	广州	中国赛宝实验室工业产品质量与可靠性设计中心
27	广州	广州海格通信集团股份有限公司工业设计中心
28	广州	中国电器科学研究院股份有限公司工业设计中心
29	广州	欧派家居集团股份有限公司集团大家居产品设计中心
30	珠海	珠海格力电器股份有限公司工业设计中心
31	珠海	珠海罗西尼表业有限公司工业设计中心
32	东莞	OPPO 广东移动通信有限公司工业设计中心
33	东莞	维沃移动通信有限公司工业设计中心
34	惠州	TCL 集团股份有限公司工业设计中心
35	惠州	德赛西威汽车电子股份有限公司工业设计中心
36	中山	华帝股份有限公司设计创新中心。

注：按城市拥有国家级工业设计中心的数量排序，排名不分先后。

4

CHAPTER FOUR

第四章

粤港澳大湾区设计产业
发展特征与潜力

第三章对粤港澳大湾区设计产业城市布局与结构进行了梳理，在此基础之上，本章着重对粤港澳大湾区设计产业的发展特征与潜力进行评估分析。

第一节　粤港澳大湾区设计产业发展特征

本节从城市设计、产品设计、生活与时尚设计、文创设计入手，结合 2021 设计领袖奖的获奖人物访谈，对大湾区设计产业的发展变迁进行梳理。

一、城市设计：从跑马圈地到精耕细作

事实上，在粤港澳大湾区，新与旧共荣并存。一面是高歌猛进的城市化进程，以及伴随产业扩容、人口增加而不断开拓新的疆域。一座座高楼大厦拔地而起，城市设计顺应这股跑马圈地的浪潮，不断尝试挑战，创造奇迹。就像白纸上作画，在没有太多历史包袱的情况下，设计者可以更好地展开想象，各种创新创意，不论是超高难度，还是新材料、新技术都可以在此一试身手，这是时代赋予大湾区城市设计的重大发展机遇。

而在大湾区城市设计的另一面，是老城区、旧城区的更新再生。在大湾区的 11 个城市中，内陆 9 市有 5 个是国家历史文化名城；而香港、澳门也都拥有百年以上的历史。所以，与跑马圈地高歌猛进不同，这一部分的城市设计是谨慎而持重的，它要面对空间、功能、成本的诸多难题，综合考虑各方的诉求，有时候甚至是螺蛳壳里做道场，需要一种精耕细作的态度。

一面是跑马圈地所特有的大空间尺度，多任务、高难度，需要不断突破创新，反映出城市设计日益重视设计与产业、设计与生态、设计与文脉融合的发展趋势。一面是精耕细作所特有的城市更新难题，改造旧空间，盘活旧资源，既需要躬身其间，细心体察，亦需要创意、诚意和执行力。精耕细作体现着设计的温度，回归城市设计服务于人的初心，是未来城市

设计需要不断修炼的一种功夫。

随着经济的持续发展，城市在不断创造出新空间新可能的同时，也在面临着越来越多的新旧转换。当然，在粤港澳大湾区，跑马圈地式的城市设计依旧占据重要地位，它们不断拓展城市的边界与多种可能性；但是精耕细作式的设计也会越来越多，关注人与城市，回应社会与公众的需求，让城市在现代化更新的同时，创造更人性化的生活。

未来，城市设计将在以下几个方向不断探索：

1. 人本

城市也好，空间也罢，都是因为人，才有了意义。未来城市设计必然朝着以"人"为中心的方向发展，对不同人群更加包容、公平、友好的设计，是体现城市文明发展程度的重要标志。

2. 绿色

不论是碳达峰、碳中和的国家战略，还是疫情以来，全球对可持续发展的关注，绿色城市设计将成为一个趋势，如何更大程度地协调人造物与自然的关系，让城市减少污染与消耗，更大效率地利用资源，是每个城市设计师都需要思考的问题，也是未来需要不断努力的方向。

3. 地缘

与其他设计不同，城市设计的对象固定在一个特定的地理空间。不论是楼宇场所，还是城市景观，都承载着文化基因，是地缘风貌的重要体现。如何摆脱千城一面的相似性，如何因地制宜发挥本地文化独特的优势，让设计更好地服务城市，融入城市，乃至成为城市的代表，这是未来城市设计发展的又一个重点课题。

【人物访谈专题】

<u>郭桂钦：严谨有序　收放自如</u>

珠海华发城市运营投资控股有限公司
执行副总裁

作为本年度大湾区设计力领袖奖的获奖者，郭桂钦先生 1999 年被外派到河南省建筑设计研究院珠海分院，此后去了珠海市建筑设计院，2010 年来到华发集团，可以说二十多年扎根珠海，见证了大湾区城市设计的发展。

【选定珠海：始于颜值　终于机会】

回忆起当时从内地来到珠海，郭总说首先是这里的环境打动了他。那时从广州到珠海的高速公路还没有通，绕着顺德、佛山过来，一进珠海，就感觉这里的环境完全不一样，干净美丽，一下子被这个城市的颜值征服了。

后来开始办一些手续，那时珠海已经成立了特区，从内地过来，要办边防检查证，还有一些其他的，比如暂住证。在办手续的过程中，珠海当时的政府部门没有其它地方给人那种高高在上的感觉，是服务型政府。接下来大概半年多的时间，发现这边的城市虽然不是很大，但是非常有活力，到处都是一片热火朝天的景象，机会很多，所以当时就下定决心留在珠海。

【见证变迁：宜居城市　互联互通】

二十多年来，郭总见证了珠海乃至大湾区的发展变化，首先还是表现在环境方面。郭总说后来他也去了深圳、广州，尤其是深圳，感觉这个城市可能就是那时候年轻人心目中的理想城市，宽阔的深南大道，两旁高层建筑林立，还有美丽的大梅沙。

比较而言，珠海这些年，在环境方面也变得更加宜居。郭总形容说，二十几年前，珠海可能是个十七八岁的小姑娘，是没有任何装饰的天然美，现在这个城市变得更加成熟有韵味。珠海有一带九湾，海边的沙滩现在也恢复得特别好，城市里的公园非常多，而且都是免费的。至于政府的服务，这些年也在不断改善提升。珠海每年都有一个大型的活动，叫作万人评政府，可以说是自我加压去改进工作。最重要的还是发展机会，郭总回忆说，他留在珠海的时候，从大的格局来讲，当时珠海还是一个交通的末梢，只有一个刚刚开通的机场，其他的，像大的港口，尤其是货运港口，包括铁路，都没有发展起来，那时候甚至连高速公路都还没有通。但是这些年，珠海机场现在正在扩建二期，高栏港的深水码头做出来了，高速公路也跟广州深度连接起来，城轨就更不用说了，现在广州铁路货运的轨道也都连接起来，整个大湾区的城市在互联互通方面已经发展起来了，未来的机会肯定会更好。

【两点变化：重视设计　作品优秀】

从设计的角度来看，郭总感觉大湾区这些年的变化，最重要的是以下两点。第一点变化是设计的价值越来越受到重视。刚到珠海的时候，设计师，用广东话讲叫乞丐师，直观感觉设计是没什么技术含量的，似乎就是描描画画。但是现在，设计越来越受到重视，能够创造真正的价值。这也是整个国家范围，从中国制造向中国创造的一种转型。第二点变化是这些年优秀的设计作品越来越多。过去的优秀设计，可能就是行内的评选，比如建设部、各省市勘察设计系统评奖。现在这些年，很多获奖作品都走出去了，像德国的红点奖、世界高层建筑与都市人居学会（Council on Tall Buildings and Urban Habitat，CTBUH）全球奖、iF产品设计奖。华发自己做的项目，也拿到了一些国际知名的建筑奖项。

【湾区特色：国际视野　本土文化】

说到湾区特色，郭总提出，一个是国际视野。像香港、澳门，本身就是国际化的城市，深圳、珠海又是改革开放的第一批特区城市，广州则一直有着包容并蓄的态度。

在大湾区，这种国际视野可以说是与生俱来的基因，广东人历来都有比较开放的心态，这让各种要素都能聚集到这里。郭总以会展中心的设计来举例，他说整个设计团队有来自六七个国家的不同设计师。某些方面，以国外的设计师为主，比如建筑方案是英国设计师设计的；而另外一些方面，是国内设计师牵头的，比如结构设计，是广州荣柏生事务所做的。所以说，国际视野是大湾区设计最大的特色之一。

另一方面，大湾区的本土文化又被保护得特别好。北方可能由于受社会运动或者战争等因素的影响，传统建筑已经不多了，传统的生活方式保留得也就更少了。但是在广东，因为这里曾经远离中原的战乱，所以特别重视对传统的保护，比如广东话、粤菜，都具有浓郁的地方特色。

【建筑风貌：岭南传统　海滨城市】

讲到建筑方面的特色，一方面是岭南传统风格，它的构造可能还是以宋朝的营造法式和清朝的工程做法为基础，遵照传统的工艺去做，保留了本土特色。另一方面就是大湾区和内地不一样，它里面都是海滨城市，一衣带水，所以这里的建筑，跟环境的结合做得比较好。南方气候潮湿，夏季比较炎热，又挨着海边，所以城市设计要把这些环境因素结合起来，从设计、生活圈、本土文化保护等方面来着眼。

【提升空间：低碳环保　精细设计】

说到未来大湾区城市设计的提升，郭总认为，当下低碳、绿色和环保方面，可能在理论上的探讨比较多，但怎么能够将技术真正运用进来，还存在一定的差距。郭总说他是从上海世博会的一些建筑开始关注这个领域的，近两年也做了一些新的尝试，在能耗、低碳方面做出了很多改进。对于现在有些建筑声称已经能做到零能耗，他认为对大湾区来说还是比较难的。因为夏天比较炎热，空调的用电量还是很大，不能为追求零能耗而降低适用性。不过，绿色低碳肯定是未来城市设计发展的重点。

另一方面，郭总认为还有改进提升空间的是设计和建造的结合。好的设计只是成功的一半，甚至只是开了个好头。具体的实施生产和建造环节很重要。郭总认为，现在我们效果图的水平已经是国际一流了，但是在具体施工的细节上跟国外还有一些差距。比如，画出来的都是玻璃幕墙，但玻璃幕墙背后的支撑构件是什么，里边又是怎样通过细节让它既防台风、保持良好的水密性、气密性，又能够有自然通风的功能，这些都需要精细设计。

【施工管理：制度设计 物勒工名】

所以城市设计不只是图纸，而是需要最后呈现出来的。郭总说，他在国外考察时，了解到在建筑施工领域，国内和国外的报酬方式不太一样。国外基本上是制定好工期，工人按进度施工，不会赶工，所以踏踏实实把分内事情做好，相对的收入待遇也比较高，社会地位也还可以。但是我们国内的施工，有点计件考核的性质，所以工人大都想着最好两天的活一天就干完。

未来，在这方面应该也会有一些调整。其实在中国传统社会，讲究物勒工名制度，不管生产什么物件，都要刻上工匠的名字，这样就有一种责任感和约束机制。而我们现在顶多是把施工单位的名字写上，可能有时候施工单位的名字也没有，那项目负责人、班组长、钢筋工就更不会写了。如果大家都觉得我做了别人也看不见，那在心态上首先就放松了，再加上从机制上基本是按计件来考核，绑的钢筋越多给的钱越多，那就容易牺牲质量，所以未来在施工方面，改进管理制度，提倡匠人精神，还是有比较大的提升空间的。

【大型项目：功能兼容 专业协调】

在华发，郭总从十字门商务区开始，亲身经历了一片荒地变身城市地标的过程，也由此积累了丰富的大型项目经验，成长为全能型的建筑设计师。对此，郭总坦然说到，能力和经验都是一步一步，通过一个项目、一个项目去提升和积累的。至于大型项目有什么不一样，从核心本源上来讲，所有的设计都是相通的，没有什么是特别难的。但是大型项目的复杂性，导致它跟一般项目还是有一些差异的。

具体来说，差异主要表现在以下几个方面：第一个是大型项目属于综合体，往往在功能上比较兼容，包括居住、办公、商务、购物等；第二个就是在设计上，建筑规划设计本身就牵扯了好多专业，其实分工很细，有建筑，有结构，有水电，有暖通空调……对于大型项目来说，不仅常规的专业全部都要上，很多细分领域的专业也要上，比如厨房设计、专业的标识设计、交通动线设计等；所以第三个特征就是协调配合，单体建筑就像是某个乐器的独奏，而大型综合建筑就像是交响乐，需要指挥，统一协调，让不同的专业实现不同的功能，还要考虑实施技术。

【设计管理：总设计师　三大要点】

从亲力亲为做设计，到协调组织不同的团队来开展设计，郭总似乎从设计师变为了设计管理者，但是他依然认为自己没有脱离设计本身。不论是大型项目的协调，还是设计实现的施工，在他看来都是设计的一部分，因为设计不只是画图。他认为整合管理制度，从制度上去构架，这也是一种设计，或者说是项目总设计。

设计管理要架构蓝图，通盘考虑。具体说来，在实际工作中，郭总认为设计管理的过程有几个比较重要的点。第一要找准问题，明确设计任务书。第二要找到最合适的设计团队，就像做菜有粤菜师傅、川菜师傅一样，在建筑设计行业，不同的团队擅长的领域不同，设计也是各有特色的，所以要找到合适的团队。第三点最重要，是权衡。任务的管理、时间的管理、成本的管理，设计管理者的工作核心是为公司创造价值，而不仅仅是为了实现了个人的设计理念和艺术追求。

【为青年建言：设计从身边开始】

现在也有很多中小型的设计事务所，可能会做一些小体量的项目，甚至是网红建筑。郭总认为，对于设计师来讲，这是一个很好的成长路径。因为建筑设计，不像其他产品设计、服装设计，可以低成本启动。建筑设计动辄就是几百万上千万元的项目，刚出道的时候可能没人敢拿年轻设计师做试验，所以很多人先从身边的小项目开始。国外的一些设计大师，比如文丘里（Robert Venturi），他是从给自己的妈妈改造住宅开始做项目的；解构主义大师弗兰克·盖里（Frank Gehry）也是说服了老婆，改造了自家的住宅，由此名声大振。国内的著名设计师张永和先生，刚从美国回来便在北京成立了非常建筑工作室，早期也是先做了席殊书店的改造项目后，才吸引了大量的关注。所以年轻设计师不能拿别人的钱去练手，从身边的小项目开始，不会出太大的问题，又可以展示自己的真实水平，更容易获得认可。

【应对变革：机遇与挑战】

最后，谈到变革与应对，郭总坦言自从国家提出大湾区的战略，感觉整个地区的交流互动更加频繁，尤其是珠海这边的西岸地区。所以未来粤港澳大湾区一定可以比肩世界几大湾区。这对整个设计行业，都是巨大的机会。因为设计不是空中楼阁，它根植于经济的发展。经济越发达，设计越受重视。他提到美国好像有这方面的统计，设计的 GDP 大概能产生 2.11 倍的经济增量。

当然，这是机会也是挑战，未来会对国内的设计师提出更高的要求，会有越来越多的国际设计师来到这里，分享中国的增长红利。他说记得十几年前珠海国际会展中心搞国际竞标的时候，是一个一个打电话求着国外设计事务所过来参与的。但是到 2018 年做会展二期的时候，公告一经发布，就来了五六十家海外的设计事务所。现在大湾区的知名度打开了，一方面竞争会更激烈，另一方面国际上比较先进的设计理念、设计方法也会同步引入进来。

展望未来发展，郭总提出，一方面是技术层面的挑战，比如人工智能。他说看到一个校友创办的企业用人工智能来做住宅设计，输入城市、目标客户、容积率要求、面积和造价这些信息，大概 10 分钟就能出设计图。目前这个技术当然还不够成熟，但是未来人工智能的发展肯定会对设计行业产生很大的冲击。另一方面则是来自代际更迭的挑战。随着社会经济的发展，年轻人的认知、审美和价值观念可能会发生一些改变，会更强调个性化，更注重感觉。所以研究年轻人的想法和需求十分重要。应对这两大挑战，郭总认为第一要不断学习；第二要保持对市场的敏感度，保持对新生事物的好奇心。

二、产品设计：从中国制造到中国创造

产品设计与工业设计一脉相承，集艺术与技术于一身，综合了设计与美学、材料与工艺、工程与技术、商业与市场、文化与历史等多个学科领域，也是一个国家工业发展水平的重要表现形式。

从粤港澳大湾区来看，这里可以说是中国工业设计发展的一个缩影。20 世纪 80 年代以来，中国立足劳动力资源优势，承接了大量从国外转移的劳动密集型产业，形成以国际代工为主的外向型经济发展模式。而大湾区正是这样一个凭借制造业实现经济腾飞，以世界工厂闻名全球的典型，

它也由此发展成为中国工业体系最为完备的地区之一。

不过，经过三十余年的高速增长，这种依靠廉价土地和劳动力成本，以贴牌生产为主，产品附加值和利润率都很低的生产制造模式，弊端渐渐显露，对经济的推动作用也日益渐微。为此越来越多的企业开始改变传统的代工模式，提升自身的创新力，主动适应国际竞争环境，在全球价值链中积极争取更有利的地位。其中，作为中国工业设计的重镇，大湾区经过多年的生产制造积淀，形成了一定的设计竞争力。特别是在家电、科技产品等领域，竞争优势明显。随着中国产业结构的升级，大湾区也由此成为中国制造向中国创造转型升级的引擎之一。

1. 产业升级推动设计力提升

2015 年 5 月 19 日，国务院正式印发了中国实施制造强国战略第一个十年的行动纲领——《中国制造 2025》，提出通过"三步走"实现制造强国的战略目标，并划定了十大重点领域，详见表 4-1。

表 4-1　《中国制造 2025》十大重点领域

编号	重点领域
1	新一代信息技术产业
2	高档数控机床和机器人
3	航空航天装备
4	海洋工程装备及高技术船舶
5	先进轨道交通装备
6	节能与新能源汽车
7	电力装备
8	农机装备
9	新材料
10	生物医药及高性能医疗器械

2021 年，不论是中美贸易摩擦的持续影响还是拉闸限电淘汰落后产能，制造业的转型升级已经迫在眉睫。一方面，按照《中国制造 2025》的规划，大湾区正在加快实现高端制造业的布局和发展；另一方面，提升制造产业的附加价值，实现从代工生产（Original Equipment Manufacturer，OEM）向原创设计（Original Design Manufacturer，ODM）、原创品牌（Original Brand Manufacturer，OBM）的转型，需要设计发挥先导作用，由此推动大湾区设计力的提升。

2. 制造与科技驱动设计创新

工业设计的发展对经济有着良好的促进作用，而反过来，经济发展水平也同样影响着工业设计的发展。大湾区经济实力雄厚，临海的地理位置优越，人口素质相对较高，所以设计在大湾区日益受到重视。随着国民经济水平的进一步提升，以及随之而来的消费升级，颜值经济与审美需求不断扩大。在制造和科技的双轮驱动下，越来越多的创新产品设计在大湾区这块试验田里开花结果，并由此走向全国乃至全球。

3. 新旧动能转换催生设计需求

新旧动能转换的实质是从增长向发展的转换，通过新模式代替旧模式，新业态代替旧业态，新技术代替旧技术，新材料新能源代替旧材料旧能源，实现产业升级，实现数量增长型向质量增长型、外延增长型向内涵增长型、劳动密集型向知识密集型的经济增长方式的转变。2021 年，通过淘汰落后产能、鼓励中小企业创业、积极发展绿色产业、大力吸引创意人才，大湾区正在推动新一轮的产业升级与动能转换。

而后疫情时代，工业设计与社会生活的联系将日益紧密。同时工业设计也在改善、更新、引领社会生活方式的层面发挥着越来越重要的作用，由此催生出新的设计需求。伴随着经济实力的增强和科技力量的逐步提升，大湾区的产品设计正在不断适应新模式、新业态，采纳新技术，运用新材料新能源，在新旧动能的转换更迭中提升自身的设计力。

困境与出路同在，竞争与协作并存。2021 年，粤港澳大湾区在复杂多变的环境下，找准方向，推动着工业设计体系向着更加完善的目标发展。以设计赋能产品，以设计推动市场，以设计提升产业。智能化、人性化、精细化……未来大湾区的产品设计将呈现出多样化的发展趋势。

(1) 智能化

随着技术的进步，产品设计与智能科技的联姻日益普及。未来物联网、大数据、人工智能机器人等技术的日趋成熟，智能化升级已经成为产品设计必然的发展趋势。

(2) 人性化

设计以人为本，当下一老一小两大市场成为产品设计开发的蓝海。不论是适应三胎政策带来的多子女家庭的产品需求，还是迎接中国进入老龄化社会的适老设计，都凸显了产品设计中的人性化思考。特别是老龄市场，根据第七次全国人口普查数据，我国 65 岁以上的人口有 1.9 亿人。然而，适老设计起步较晚，目前还存在功能、操作、质量、安全等多方面的问题。未来针对中国市场的需求，完善产品设计，让产品更好地服务于人，前景十分广阔。

(3) 精细化

一方面消费需求多样化带来小众产品市场日益受到重视，另一方面在产业升级和动能转换的背景下，产品设计从重外观、重功能转向重情感、重价值，由此，带来设计精细化的发展趋势。特别是在社交媒体时代，产品的情绪情感价值、社交属性都成为设计需要考虑的问题。以用户为中心的情感化设计成为大湾区提升设计力的一条路径。

综合来看，产品设计作为大湾区设计的优势产业，正在经历从"中国制造"到"中国创造"的转变。未来随着经济的增长，政策的扶持、设计教育的全面发展，大湾区的产品设计必将发挥更大的作用。

【人物访谈专题】

吴欢龙：格物致知　突破创新

**珠海格力电器股份有限公司国家级工业
设计中心主任**

作为见证大湾区发展变化的设计领袖，吴欢龙主任的个人经历可以说是一个时代的缩影。1998 年，他从南昌大学产品设计专业毕业。那时刚从国家包分配转为双向选择，自主择业。本来他已经在杭州找好了工作，机缘巧合，陪同学一起南下广州、珠海，正赶上格力在招人。虽然当时的他连什么是空调设计都还不知道，但是凭借一股劲头，在买来的素描本上画了大概 40 多个方案。他的诚意打动了格力，企业当场决定录用。于是这个闯特区的年轻人，就这样留在了珠海。正所谓格物致知，自此他深耕家电产品设计二十余年，以创新引领世界空调的发展方向。

【经历变迁：设计地位提升　持续创造价值】

在这二十几年中，吴主任亲身经历了大湾区的发展变化，特别是设计地位的不断提升。他认为，经济越发达的地区，越重视设计；而设计在企业中发挥的作用，这些年也在不断变化。从最初的设计助力销售，到后来的设计推动创新，再到现在的设计重塑品牌，企业每一个阶段的成长和进步都有设计的身影。

随着经济实力和审美水平的进一步提升，消费者对产品的要求越来越高，市场渴求创新性的产品。对企业来说，产品的技术创新或许需要一定的积累，发展到某种程度可能会遇到瓶颈。但是，设计可以在各种角度找到机会点，给企业带来的提升可以说是无止境的。

【湾区特色：创新与务实成就全球家电中心】

说到大湾区设计的特色与优势，吴主任认为，广东是改革开放的热土，敢为人先是这片土地最鲜明的基因。勇闯敢试、勇于创新的精神让大湾区乘风而起，让大湾区的企业不断实现新突破、新跨越。

仰望星空，同时也要脚踏实地。这些年，通过和一些企业接触，吴主任发现，广东企业是非常踏实的，沉下心做事，不说空话。创新与务实兼顾，让大湾区的发展走在了全国的前列。特别是在家电领域，广东已发展为全球家电中心，这里既有成片的产业集群，也有规模很大的明星企业。

【见证历史：技术与设计带动本土品牌崛起】

身处家电行业这二十多年来，吴主任坦言，他看到了本土品牌与国外品牌的竞争格局发生了根本性的转变。当年刚开始做设计的时候，老百姓很认可进口品牌，愿意花两到三倍的价钱去买进口品牌的产品。曾经在空调领域，韩国、日本的品牌也都很强大。但是现在，不论是民用还是商用，国产品牌已经占据了主导地位，国际品牌多数退出了中国市场。这背后，反映了中国企业和整个产业的巨大进步，一方面是掌握了技术的自主权，另一方面是在设计水平飞速发展，中国已经走在了世界的前列。

【时代列车：埋头苦干　与城市和企业共成长】

说起来，这二十多年，吴主任不仅仅是见证历史，也在创造历史，用设计助力民族品牌的崛起。而这可以说是搭上了时代的列车，选对了城市、行业和企业。他坦言自己是比较幸运的，因为格力的企业文化就是"实文化"，"少说空话、多干实事"，不需要搞关系，只需要尽心尽力，踏踏实实把工作做好。而且公司乐于给年轻人机会，只要有好的想法，就会给予发展的平台，这是很多年轻人成长的沃土。

为此，吴主任将其总结为城市留人，企业留人。他觉得整个珠海的城市规划，非常符合未来城市的样子，既是从产业角度来思考，又包含了人文、创新氛围、城市环境、市民活动空间等多个方面。所以在大湾区这么多城市中，他认为珠海有自己的特色。因此，珠海的企业，一般员工的稳定性也是比较高的。美丽的城市，叠加格力的企业文化，让他一做就是二十几年，没有一天想要离开。

【设计 1.0：新世纪的外观革命】

二十余年休戚与共，彼此成就，一道成长。在这个过程中，吴主任也提到，工业设计的发展，需要整个社会的认知不断提升，包括企业的认知。他 1998 年毕业到格力开始做工业设计，当时大部分人认为工业设计就是美工，就是外观设计，把产品美化一下，但是工业设计在公司一直很受重视。

在这种时代背景下，吴主任的第一款经典产品，是刚毕业那年设计的一款分体式空调——格力数码 2000。在此之前，空调外观都以格栅式为主，颜色多为白色，比较朴素。数码 2000 以全新的元素在新世纪闪亮登场，让人耳目一新。首先是色彩方面，做了在当时看来很特别的香槟色；第二是显示方面，设计了背光的紫色液晶显示，旁边还有一圈装饰条；第三就是在风口也做了装饰条的设计，整体看起来很新颖精致。这款产品也奠定了格力高端空调的品牌形象，当时定价接近一万元，上市第一年就卖出 5000 台。

设计为产品赋能，为企业创造价值。意识到这一点，1999 年，格力技术部成立了专门的工业设计科室，发展到 2004 年，细分为三个科室，彼时吴主任就任其中一个设计科室的主任。

【设计 2.0：颠覆性创新推动行业革命】

2009 年，国家对空调产品的能效要求进一步提升，当时由于受到技术限制，空调行业一直以来的传统观念是"能效比越高，机身越厚"。要在能效提升上有所作为，必然以牺牲外观美作为代价。在这个背景下，行业同类别的分体机，机身厚度至少 19 厘米。而吴主任带领工业设计团队联动技术团队一起，反其道而行之，在能效提升的同时，寻求将机身做薄的解决方案。

当时，在众多设计和研发人员的努力下，格力 U 系列超薄空调（如图 4-1）终于实现了"鱼和熊掌"兼得，机身厚度做到了 15.3 厘米，同时能效超越国家一级标准，达到 3.6，真正做到了外观"薄"、能效"高"。同时，以 "U" 为元素的流线型设计，打破了以往分体机以正面面板设计为主的行业传统，首次创造了360°全视角设计。所以 U 系列一出现，便在空调行业引发轰动，流畅简洁的形体，引领了行业的设计趋势。

　　而在柜机方面，2010 年以前，市场上的柜机都是长方体，像个柜子一样。而吴主任带领设计团队联动技术团队一起，颠覆了柜机的传统形态，"破方为圆"，首创圆柱体的柜机：I 系列（如图 4-2 所示）。这款柜机不仅更美观，而且占地面积比传统柜机减少了 42%，在房价日渐上涨的今天，设计带来的价值显而易见。此外，中部出风的设计也彻底解决了传统柜机制热偏弱的行业难题，贯流风叶的运用减少了噪声，使空调运行更为安静，用户体验更舒适。

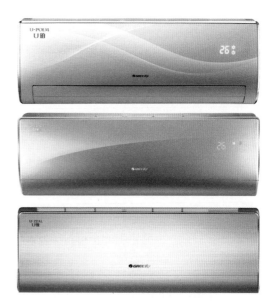

图 4-1　空调设计 U 系列

　　I 系列柜机一经问世就成为焦点，给整个行业带来了巨大的变革。目前圆柱体的立式空调已经代替长方体的柜式空调，成为市场上的绝对主流。

　　U 系列和 I 系列改变了家电企业过去由外国品牌领跑的局面，也让公司看到了设计的巨大推动力。2011 年，格力成立公司层面的工业设计中心，吴欢龙先生就任工业设计中心主任。这背后，是设计的创新力量正在蓬勃生长。

【设计 3.0：用设计的责任感解决行业痛点】

　　家电领域的竞争日渐激烈，为了提高外观的视觉效果，喷漆、电镀等非环保工艺被大量运用。随着国家开始推行更严格的环保标准，格力也致力于推动绿色设计，为此吴主任带领团队在 CMF（色彩、材质和表面处理工艺）设计

图 4-2　空调设计 I 系列

方面进行了两大创新。

其一，研发出烫印代替电镀，以及免喷涂注塑等环保工艺。其二，通过深入研究棉麻布料的肌理质感和色彩，前后花了近两年时间，在 2018 年成功研发出行业首款"布艺空调"。纯净棉麻布纹质感，与独创材料配方及纹理相结合，让触感和视觉更加真实，舒适。同时布艺空调与家具更协调，能够更好地融入家居环境。所以该产品上市后，受到市场热捧，这种布艺工艺也被运用到更多的产品中，再次引领了设计的发展方向，给行业带来新的变革。

对此，吴主任也由衷地感慨，这些创新不仅让他感觉到做设计是有意思的事情，更让他感觉到做设计也是很有意义的事情，用更环保的方式解决了过去的行业痛点问题，由此走上一个可持续发展的正向道路。

【大企业的担当：树立国家形象　引领行业高质量发展】

说到设计的责任，吴主任坦言，其实设计背后也饱含着企业的理念。比如在小家电领域，很多企业是按照易耗品的思路去开发，以价格优势快速抢占市场，再逐步优化产品。而一些消费者也把小家电当成易耗品，用坏了就随手扔掉。但是这种快速消耗的背后是巨大的浪费，我们国家其实没有那么多资源可以浪费。

所以，吴主任说，大企业要有一定的担当和引领，他经常会去思考这件事情。中国发展到今天，不能再单纯依靠劳动力红利和成本优势去竞争。大企业在某种程度上代表了产业发展的方向，展示着大国形象。所以，在格力，小家电会以耐用品的思路来开发，要先将产品质量做到极致，通过市场验证认可，再做强、做大，走高质量发展的路径。

他说格力的设计一直坚持"底线思维"，坚守产品的品质。创新要驱动质量进步，不能为了创新而创新，反而使品质下降。他举例说，2005 年前后，韩国品牌曾经推动行业"侧出风式"柜机的盛行。这种出风方式可以使产品更美观，国内企业基本上都做了跟进研发。而格力作为行业领军者，也进行了相关的探索研究。吴主任介绍说，当时他们确定了至少 5 款广受好评的外观设计方案，性能上也比传统柜机有 50% 的提升，但是由于侧出风方式存在空调"送风距离短、制冷速度慢"的缺点，达不到公司的标准，最终放弃了开发。这可以说是设计服务、服从于品质的一个事例。正是因为对产品品质的严格要求，才让品牌能够长久赢得消费者的认可与信赖。

除了家用消费品领域，吴主任说，近年来格力也积极做工业装备领域的布局，比如高端装备、模具等。这些领域前期需要投入大量的资金和精力，可能暂时看不到很大的收益，但是能把核心技术牢牢掌握在自己手中，不受制于人。中国制造要想赢得世界的尊重，还是要苦练内功。

【展望未来：设计驱动　造就伟大的品牌】

展望大湾区设计的未来，吴主任说，大湾区的城市会越来越紧密的贯通起来，这里可能会产生设计驱动型的品牌或企业。他引述了广美童慧明教授的观点：设计驱动型品牌（Design Driven Brand），表示设计是企业发展的终极答案。

一个伟大品牌的背后，一定离不开设计思维。比如苹果一直被誉为全球设计驱动型品牌的标杆，它以系统设计的方法，打造硬件、软件、内容、服务全闭环生态系统，确立了长盛不衰的行业地位。在品牌的发展过程中，设计思维系统的构筑及其在企业的战略性地位，是铸就其行业霸主的重要因素。

因此，回归到家电企业，吴主任认为，未来还有很大的发展空间。就像戴森，它从技术和设计两方面对传统产品进行深度创新。未来人们的需求会更为多样化，不论是功能的开发，还是审美的提升，设计行业都是大有可为。

作为中国设计发展的前沿，无数的新思想、新业态在大湾区涌动、萌发。而吴主任所在的格力，又是扎根珠海并与大湾区共同成长的多元化、科技型的制造集团，所以他相信，未来设计驱动型创新也必将激发更大的活力，助力格力迈向世界顶级企业。

三、生活与时尚设计：从美观到美好　从产品到品牌

从某种意义上来说，生活与时尚设计是产品设计中的细分门类，形成了相对独立的垂直行业。它们与日常生活息息相关，更关注用户体验和外观，

特别是时尚设计，受到流行趋势的影响，按季发布，以丰富的外观变化著称。

生活与时尚设计是经济社会发展到一定阶段的产物。改革开放之初，中国的日用消费品大多凭票供应，那时候社会的主要矛盾，是人民日益增长的物质文化需要同落后的社会生产之间的矛盾。所以，早期的生活与时尚设计以生产为导向，主要解决物质层面的需求，不注重外观。

随着经济的发展，党的十九大报告提出，我国社会的主要矛盾已经转化为人民日益增长的美好生活需要和不平衡不充分的发展之间的矛盾。从需求侧来看，美好生活需要不止于美观，还包含了更加广泛和更高要求的物质与精神需要。它是品质升级、情感满足，更是精神共鸣与价值表达。所以设计师不能再循规蹈矩，照猫画虎，而是要深入生活，捕捉消费者的痛点，挖掘那些未被满足的需求。

而从供给侧来看，当前产品雷同、产能过剩的问题依然比较突出，所以生活与时尚设计的重点，是抓住时代的变化，洞悉消费趋势，利用新技术手段，以创新带动发展，以品牌整合资源。

所以从美观到美好，从产品到品牌，当下在生活与时尚设计领域，呈现出如下一些趋势。

1. 绿色健康

不论是绿色有机无公害，还是养生热、健身潮，整体来看，随着人们生活水平的提高，生活与时尚设计从解决温饱上升到追求舒适、健康与安全。特别是疫情以来，这种趋势进一步加强，一方面设计更加注重运用科技手段解决细分功能属性的难题；另一方面更加注重设计的责任感，降低能耗、加强可再生资源的利用和生态环境的保护，强调可持续的概念。

2. 体验至上

用户体验是所有设计的基础，对于生活与时尚设计而言，由于产品更贴近生活，贴近用户，所以用户体验的调研与开发尤其重要。用户体验是设计创新的灵感源头，只有深入社会，真正到用户中去，研究他们的生活形态，才能为设计创新找到方向。未来加强基础研究和跨学科合作的设计模式将成为一种趋势。

3. 银发经济

根据全国老龄工作委员会发布的《中国老龄产业发展报告 2014》，在2014—2050 年，我国老年人口的消费潜力将从 4 万亿元增长到 106 万亿元左右，占 GDP 的比例将增长至 33%，成为全球老龄产业市场潜力最大的国家，未来"银发经济"将成为"她经济""单身经济"之后的又一大市场增长点。

4. 定制化

技术正在推动传统产业的变革，在生活设计与时尚领域，顺应个性化的需求，未来定制化会是一种发展方向。同时，从单纯的产品设计走向全方位的品牌设计，以品牌为核心，撬动各方资源，实现从制造向创造转型的价值沉淀。

综合来看，人口是经济社会运行的基础，这一点对生活和时尚设计而言尤其重要。2021 年度，第七次全国人口普查数据公布，粤港澳大湾区人口增长显著。不仅有广州、深圳、东莞三座人口超千万人的城市；而且佛山、惠州、中山的人口增长潜力也不容小觑，整个区域的虹吸效应非常明显。所以，不断增长的人口为制造业的发展提供了保障；另一方面，人口红利也激发了设计需求的增长。从注重功能与美观转向更深层的情感满足、价值表达，未来大湾区的生活与时尚设计，必将不断满足人民日益增长的美好生活需要。

【案例分享专题】

汤重熹：厚植基础　助力转型

清美工业设计策略与原型创新研究所
执行所长

　　汤重熹教授是福建人，自幼喜欢画画，初中毕业后考入广州美术学院附中。"文革"结束后，汤重熹教授考入景德镇陶瓷学院并在毕业后留校任教。1990年，汤教授被引进到广州大学万宝工业设计研究院任副院长、总设计师，这也是全国第一家集产学研于一体的工业设计研究院。五年后，他调回广州大学任艺术设计系任系主任，此后一直从事教学工作。

　　汤教授说，这么多年，他都是根据组织需要，服从上级的工作安排。但是，在万宝工业设计研究院的时候，他已经下决心，要面向产业做实践性的项目。也正是因为这样的经历，汤教授在多年的设计教育中，注重实践教学，率先提出中小企业工业设计的支持体系，将研究所从高校迁入中小企业集群地，助力地方产业转型。同时，面向产业，他又不遗余力地推广基础研究。他认为目前国内的设计机构和从业人员数量可观，但是多以外观设计为主，自主开发较少。长此以往，会缺乏真正的提升。

　　为此，汤教授专门分享了他们研究所历时三年，对中国未来厨房开展的基础研究。第一步是宏观研究，包括大众的饮食习惯以及社会因素对饮食的影响，中西方厨房的差异；改革开放后国内各省市商品房和保障房的厨房配置；国家政策规范、厨房相关规范标准等信息和数据。

　　第二步是用户调研，包括用户行为研究与访谈。以家庭为例，研究厨房基本情况，并分析操作动线、厨房区域的逗留时间、区域间的关系强度与距离。这其中，研究厨房中的操作流程对整体厨房布局、厨柜和其他厨房产品的创新设计起着至关重要的指导作用。课题组通过观察和拍摄，记录厨事活动全过程；针对拍摄的视频资料，实测三口之家的主妇做一次中餐，要走多少步，抬多少次手，弯多少次腰，蹲下多少次等数据，共做了三千多例，积累了大量数据，并结合对用户的访谈，了解用户在洗涤区、准备区和烹饪区的行为特点、需求及遇到的问题。

在此基础上，第三步是进行综合分析，发现用户在厨房操作中出现的问题，如现存整体厨房的洗涤区、准备区和烹饪区设置自国外引进，多年来没有根据中餐的特点进行改变，三区高度一样，洗涤盆下凹，洗菜时必须弯腰劳作；烹饪区加上炉灶，再加上锅具，高度上升，炒菜时很多人必须踮起脚或吊起双手炒菜，完全不符合人体工学的舒适度。

事实上，我们引进国外一体化厨房已经三十多年，所谓的设计创新仅仅局限在厨房的色彩、样式或是材料的变化上，并没有发生根本性的改变，谈不上经由设计创造一种更健康、更合理、更科学的新生活方式。而这一次，通过设计基础研究发现了问题，为设计创新提供了明确的思路，所以这次研究被橱柜行业盛赞为"中国厨房革命"。

四、文创设计：从衍生品到孵化器

随着经济的发展，现代服务业在经济中的比重日渐增加。而文创行业，作为创意服务型经济的代表，正在发挥着日益重要的作用。2021年，我国发布"十四五"规划纲要，明确提出实施文化产业数字化战略，加快发展新型文化企业、文化业态、文化消费模式，壮大数字创意、网络视听、数字出版、数字娱乐、线上演播等产业；培育骨干文化企业，规范发展文化产业园区，推动区域文化产业带的建设。

而大湾区可以说就是这样一个很典型的区域文化产业带。一方面，随着地区经济水平的不断提升，这里已经成为重要的文创消费市场；另一方面，独特的广府文化圈，相关园区的建设、企业与人才的汇聚，也使大湾区在文创产业链中成为重要的输出供给基地。

2021年，广东省发布了省级的"十四五"规划，对粤港澳大湾区的文化创意产业建设做出了重要指示。该规划提出,大湾区各城市的文化创意产业定位不同,基于各自的产业基础和地域特征,具有不同的发展方向,详见表 4-2。

表 4-2 广东省对大湾区各城市文化创意产业定位的规划

广州	打造动漫游戏之都、全球创意城市和文化装备制造中心
深圳	大力发展时尚产业,打造设计之都、国际文化创新创意先锋城市
珠海	打造全国知名演艺城市
佛山	建设南方影视中心、粤港澳大湾区电影产业试验区
东莞 中山	发展出口导向型文化制造业
江门 肇庆 惠州	大力发展特色文化旅游

对于文创产业而言,文创设计集中体现了文化与创意要素的水平,也是决定文创产品价值的关键因素。不同于其他注重实物产出的设计领域,文创设计以文化、创意为核心要素,融合不同形式载体的输出与多元体验,通过知识产权的开发和运用,产生经济效益和社会影响。而伴随着国家的重视以及地方政策的大力扶持,当下大湾区文创设计正迎来新发展阶段,呈现出文化复兴、数字转型、平台融合等特点。

1. 文化复兴

以往文创设计的娱乐性在当下被更深层的文化内涵所替代,从传统文化的再诠释,到国潮的崛起;从地方文化的新生,到青年亚文化的表达……所谓文化复兴,不仅仅是满足人民日益增长的精神需求,或是建立文化自信,更是让文创设计回归文化本源,更注重故事与观念的重塑。

2. 数字转型

一方面是智能设计与设计智能化被带入文创领域，另一方面是疫情以来，虚拟经济的繁荣，特别是 2021 年，大热的元宇宙概念，加速了文创设计的数字化转型。

3. 平台融合

早期的文创设计依托于特定的 IP（Intellectual Property），大多属于衍生品的概念。随着跨界融合的不断尝试，打破次元壁，各种联名破圈，文创设计走向更广阔的新消费领域。未来，文创设计与产品设计、生活设计、时尚设计广泛合作，由此推动产品创新、业态创新，不仅为文创市场发展带来新格局、新机遇，也会推动整个产业升级。而这背后，文创设计也逐渐走出小作坊式的工作室模式，催生出一批资源聚合平台，它们成为新文创的孵化器。

综合来看，大湾区在政策上给文创设计的发展提供了强有力的支持。未来依托成熟的产业配套和高效的运作机制，丰富的文化教育资源，大湾区的文创设计将在供给端发力，深入粤语圈的广府文化，融入现代设计，在产业结构升级、文旅融合发展等方面做出更大的贡献，推动区域经济的高质量发展。

【案例分享专题】

周小良：用心讲好澳门故事

澳门设计师协会会长
MO-DESIGN 创始人及创意总监

　　虽然不是土生土长的澳门人，但是周小良会长说他三岁的时候从内地移民去澳门，整个小学、中学、大学都是在澳门读的，也算是很地道的澳门人了。因为小时候不喜欢循规蹈矩，遇到问题总是反思，为什么要这样做，可不可以用其他方法来做？所以在澳门理工大学，他选择修读设计专业。

【得遇良师】

　　在大学期间，周会长说，他遇到了成长的转折点。当时大三有一门实习课程，可以选澳门和澳门之外的地方。他选了广州，想回内地看看，觉得这是离澳门最近的一个市场，也可以说是最大的一个市场，感觉非常有前途。幸运的是，他当时跟随了著名设计师王序。

　　在 20 世纪 80 年代，王序老师把西方最新的现代设计引入中国，出版了很多介绍国外的书籍，包括欧洲、日本的设计，也做了很多《设计交流》杂志，可以说打开了中国了解西方设计界的大门，推动了中国当代设计的发展。

　　周会长说，正是跟随王序老师的这段实习经历，让他形成了设计的概念。每天去体验和感受，跟他交谈，从王序老师身上看到一个成功设计师的典范。怎样做设计，怎样尊重自己的设计师身份，怎样赢得客户的尊重……王序老师可以说是一个很好的榜样，一个偶像，让当时的他立志要做设计师，把设计当成终身的职业。不过，周会长也坦言，2003 年从澳门理工大学毕业，当时澳门整个市场对设计还没什么概念，或者说当时的设计市场没有现在这么大，很多人都不知道设计师是做什么的。所以毕业后他进入政府部门，在澳门文化局做设计师，有幸又遇到了澳门著名的设计师吴卫鸣。

吴卫鸣先生对文化艺术有着非常深厚的理解，曾经从事绘画创作，经验丰富。他用艺术家的视角来做设计，和亚洲其他地方做设计的方法是不太一样的。当时澳门有两个很有名的设计师——吴卫鸣、马伟达，他们给澳门带来最新的设计，还在日本开了双人展。而吴卫鸣先生从设计师出身，然后做公务员，后来曾担任过澳门特区的文化局局长。

所以周会长也感慨，跟随行业里最优秀的一些设计师去学习，能够正面的对待设计，对于初出茅庐的人而言，真的是非常好的一个成长经验。在政府部门大概做了四五年的时间，周会长开始参加一些国际设计比赛，拿到一些国际奖项，也因此有机会去日本、法国以及欧洲其他一些地方看到最先进的设计，与不同的设计师交流。

【创业故事】

因为热爱设计，感觉有很多想做的事情，但是在政府部门工作很难把他的想法做出来，所以在 2010 年的时候，周会长和他的大学同学一起创立了设计公司 MOD，他们志同道合，决心要做澳门最好的设计，改变澳门人对本土设计的印象，让世界看到澳门设计的故事。说到这里，周会长不无骄傲地说，他们当时真的做到了。2010 年, 他受东京字体指导协会(Tokyo TDC)邀请,负责设计年度赏的视觉形象(图 4-3）。东京字体设计协会创立于 1987 年,从 1990 年开始举办全球性的视觉设计比赛——年度赏。这样具有专业性和权威性的活动，是第一次邀请来自中国的设计师做主视觉设计，周会长说，这对于他本人，以及新成立的公司乃至澳门设计，都是一种肯定。

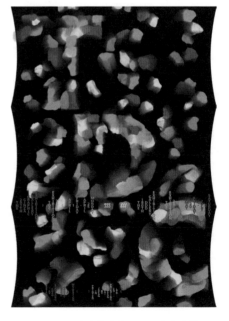

图 4-3　周小良代表作品——东京字体
指导协会年度赏视觉形象设计

【转型文创】

2012 年，周会长说他们尝试从设计专业转向设计零售。因为澳门当时开始推动文化创意产业，其中一个板块就是在设计这个领域去发展。 政府当时拿出几个地方来招标，都是人流量很大的好位置，想让有兴趣的专业人士去做一些关于文创的事业。周会长说他们做计划书去投标，中标了大三巴牌坊下面一个 700 平方米的空间。就这样开了第一家店——MOD Design Store，定位为旅游纪念品。因为当时澳门的旅游纪念品都很传统，比如点心类的手信。所以周会长觉得澳门市场需要一些高质量、有设计感、能够代表澳门的新旅游纪念品。

他们开发了第一套纪念品，围绕澳门的 10 个节庆主题，有中国传统的春节、中秋节，也有西方的复活节，以及澳门本地比较著名的大赛车活动。这套旅游纪念品，无论从知名度、销售还是澳门市民的关注度上，都是前所未有的，可以说让澳门旅游纪念品的市场发生了一种转变。周会长说，即使现在这个店已经没有了，他仍然还会接到电话或者电邮，有旅客前来咨询购买。比起网上的销售渠道，周会长坦言，大三巴牌坊下面的实体店更有气氛，有消费的情境感，但是做了两年之后，业主收回了那个地方，所以很可惜。

【跨界时装】

大概文创店开业半年之后，周会长说他们又在澳门的一个商业中心开了一家独立时装店"C"。把一些前卫的时装引进澳门，也推出自己的系列，有一点像买手集合店。他说是看中澳门当时只有一些国际大品牌，但是没有小众品牌。所以去欧洲、日本找一些独立的时装品牌，比较偏概念，甚至有的会夸张一些。周会长说，其实在做每个店的时候，都是以经营品牌的方式来做，背后都有一个理念。比如大三巴的文创店，是要改变澳门旅游纪念品的市场。做独立时装店，是因为澳门人普遍比较低调，想鼓励大家拥有自己独立的个性，可以大胆一点，用时装把想说的表达出来。这个店做得也很好，市场反应不错。

【回归植物】

六年前，周会长说他们做了第三家店——The Grey Green，一个植物选品店，以植物为媒介，跟消费者讲述一个澳门故事。因为澳门从 2002 年对外开放赌权，2003 年开放内地自由行后，很多国际资本来澳门开赌场，那些金光大道的赌场很漂亮，葡京、威尼斯人、巴黎人……但它们都是外来的，和澳门本地其实没什么关系。但是它们把澳门的节奏变得太快了，有些年轻人毕业之后甚至还没毕业，就想去赌场找一份薪水很高的工作，把自己的梦想都放在一旁，只想抓住机会赚很多钱，从某种意义上来说，其实失去了人生的意义。老澳门人的情怀，人与人之间的关系，也在慢慢变淡。

周会长说，所以他们做了这个植物选品店，因为植物生长需要时间，从种子开始，要投入时间，投入心血，才可以看到成果。选择用植物做媒介来讲述这个故事，就是希望年轻人能够学会等待，有这样一种生活态度。

【澳门情怀】

总结起来，周会长说，他做这三家店，当然也会考虑赚钱的因素，但不是单纯为了要赚钱，而是有故事的理念想表达出来。他说也曾经做过一些传统食品的更新改造，用现代的叙事和包装来活化传统的澳门食品。他回忆说澳门有很多食品的老字号，都是他自己小时候就很喜欢吃的，现在需要重新改造，做成一个澳门年轻人喜欢，游客也喜欢的时尚的伴手礼。通过这些被带回去送礼物的食品，可以把澳门的故事带到全世界。

所以从设计转向零售，周会长说，可以做的东西更多了。做设计师是服务甲方，做零售自己变成甲方，都是通过专业的设计来传达概念。所以现在做产品设计，做设计服务，做品牌策划，做零售，都是在建立平台。面对甲方的时候，因为自己也是品牌的经营者，所以更懂市场，更能理解产品和甲方，感觉更加有优势。同时，在这十年的创业时间里，周会长也培养了很多优秀的设计师。他们现在自己创业，有做设计的，也有做创业型品牌的，周会长不觉得这是竞争，而是看到整个澳门的设计市场，就这样慢慢做出来，感觉很欣慰。

第二节 粤港澳大湾区设计产业发展潜力

教育是行业发展的未来，青年人才是设计产业发展的后备力量，这二者共同构筑了粤港澳大湾区设计产业的发展潜力。

从我国设计教育的现状来看，根据教育部《普通高等学校本科专业目录（2020 年版）》以及近两年的专业增补调整情况，目前归属于艺术学下面的设计学科主要包括艺术设计学、视觉传达设计、环境设计、产品设计、服装与服饰设计、公共艺术、工艺美术、数字媒体艺术、艺术与科技、陶瓷艺术设计、新媒体艺术、包装设计和 2021 年新增的珠宝首饰设计与工艺等 13 个专业。此外，按照目前的专业分类，工业设计专业分属在工学机械类的目录下。在新增的"交叉学科"门类下，还有 集成电路设计与集成系统。

按照国内高等教育专业评估机构软科发布的 2021 年中国大学专业排名，设计学科相关专业，大湾区院校的上榜数及详细院校名单见表 4-3。

表 4-3 设计学科大湾区院校上榜情况一览[①]

学科 （括号内为上榜院校总数 /湾区上榜院校数）	大湾区上榜院校 （括号内为该院校在专业中的排名）
艺术设计学（39/2）	中山大学（8）、深圳大学（10）
视觉传达设计 （403/16）	广州美术学院（14）、广东工业大学（23）、 深圳大学（47）、广州大学（66）、华南农业大学（126）、广东财经大学（169）、 华南师范大学（174）、广东外语外贸大学（212）、佛山科学技术学院（236）、珠海科技学院（236）、惠州学院（287）、仲恺农业工程学院（302）、五邑大学（321）、广东技术工业大学（335）、肇庆学院（346）、广东第二师范大学（390）

---

① 数据来源：软科 2021 年中国大学专业排名，由本项目组整理 。

续表

学科 (括号内为上榜院校总数/湾区上榜院校数)	大湾区上榜院校 (括号内为该院校在专业中的排名)
环境设计 (401/15)	广东工业大学 (6)、华南理工大学 (16)、广州美术学院 (17)、深圳大学 (40)、广州大学 (69)、华南农业大学 (131)、广东技术师范大学 (156)、五邑大学 (158)、广东财经大学 (168)、华南师范大学 (170)、佛山科学技术学院 (234)、惠州学院 (264)、仲恺农业工程学院 (297)、肇庆学院 (345)、广东第二师范大学 (388)
产品设计 (259/12)	广东工业大学 (4)、广州美术学院 (14)、华南理工大学 (19)、广州大学 (36)、深圳大学 (76)、华南农业大学 (115)、广东财经大学 (141)、佛山科学技术学院 (159)、惠州学院 (179)、仲恺农业工程学院 (184)、五邑大学 (208)、肇庆学院 (220)
服装与服饰设计 (150/10)	广东工业大学 (11)、广州美术学院 (16)、华南理工大学 (26)、深圳大学 (32)、广州大学 (38)、华南农业大学 (72)、惠州学院 (107)、五邑大学 (128)、广东技术师范大学 (139)、广州新华学院 (139)
公共艺术 (39/1)	广州美术学院 (13)
工艺美术 (49/3)	广州美术学院 (3)、广东技术师范大学 (14)、肇庆学院 (44)
数字媒体艺术 (181/9)	广东工业大学 (3)、广州美术学院 (12)、中山大学 (30)、华南师范大学 (32)、深圳大学 (39)、广州大学 (46)、广东财经大学 (92)、广东外语外贸大学 (100)、广东第二师范大学 (163)

学科 (括号内为上榜院校总数 / 湾区上榜院校数)	湾区上榜院校 (括号内为该院校在专业中的排名)
艺术与科技 (35/2)	广州美术学院（7）、星海音乐学院（14）
陶瓷艺术设计 (4/1)	广州美术学院（4）
工业设计（150/7）	华南理工大学（8）、广东工业大学（21）、广州美术学院（28）、深圳大学（59）、广州大学（76）、华南农业大学（128）、佛山科学技术学院（142）
集成电路设计与集成系统 (19/2)	深圳大学（14）、广东工业大学（17）

从表 4-3 可以看出，目前粤港澳大湾区在设计教育方面门类齐全，涉及的面比较广泛，拥有良好的基础。除了广州美术学院这样的传统艺术院校，像中山大学、广州大学、深圳大学这样的综合性大学，以及像广东工业大学、华南理工大学这样的工科院校也在设计教育中发挥了重要的作用。同时，像惠州学院、肇庆学院这样一些更偏重实践的应用型院校，也在设计教育中占有一席之地。

正如《横琴粤澳深度合作区建设总体方案》中提到的，事业因人才而兴，人才因事业而聚。在人才培养方面，自2019年起，《粤港澳大湾区发展规划纲要》《关于支持深圳建设中国特色社会主义先行示范区的意见》等建设规划的出台，正在有力推进教育体制机制改革，加快粤港澳大湾区教育合作的发展。

从教育体制、机制的改革到教育资源的提速发展，近年来，粤港澳大湾区的高等教育力量不断强化，一些名校相继落户。优质教育资源的引进为大湾区带来先进的教学理念、教学模式，也推动教学方法与教学内容的创新。

共襄盛举，擘画未来。2021 年年末，北京师范大学在珠海校区举办未来设计学院成立仪式暨设计教育国际前沿论坛。未来设计学院将根植于艺术、设计、科技、教育的交叉领域，聚集一批设计教育领域的学者和行业专家，设立"设计与未来生产、生活方式""艺术与科技""设计与教育"三个研究方向，致力于发挥粤港澳大湾区优势，培养能够影响未来的高水平创新型设计人才。

差不多同一时间，2021 年 12 月，珠海国际设计周在线上论坛中，也设置了"院长对话"专场。对话由北京师范大学未来设计学院院长高朋主持，东北师范大学美术学院院长李书春、华东师范大学设计学院院长魏劭、湖南师范大学美术学院院长李少波、华南师范大学美术学院副院长罗广等设计学院的院长们线上相聚，共话设计教育与人才培养。

PART

第三篇　经验与案例

　　设计企业机构与设计人才是构筑粤港澳大湾区设计力的基础。在此，凝心聚力，交流互鉴。作为终篇，经验与案例部分依托 2021 "珠海设计奖 - 大湾区设计力"大奖，以获奖项目案例分析与获奖机构访谈；获奖人物成果展示与访谈的形式进行深度交流。为大湾区设计产业共谋发展，共创未来。

THREE

DESIGN POWER

5

CHAPTER
FIVE

第五章

粤港澳大湾区
设计企业机构综述

　　珠海国际设计周自创立伊始，持续关注优秀的设计企业与设计成果，陆续推出粤港澳大湾区 2019 年度指标设计企业机构 100 榜单；2020"珠海设计奖 - 大湾区设计力"项目产品类系列奖项。

　　作为设计成果，项目与产品是设计力的直观反映，也是设计企业机构的实力表现。通过奖项评选，珠海国际设计周正在打造一个多领域交流、互动、推广的平台，致力于挖掘更多有价值的设计。而这些获奖的项目产品，不仅向社会展示出粤港澳大湾区整体的设计力，也有助于的推动产业升级，扩大中国设计在全球范围的知名度，提升中国设计与中国制造的国际形象。

凝心聚力，交流互鉴。2021"珠海设计奖 - 大湾区设计力"大奖基本延续了以往的奖项设置，共评选出 5 大类，25 个获奖项目产品。本章首先对这些获奖项目产品进行成果展示与项目介绍，进而对获奖的设计企业机构展开访谈，进一步推动设计创新，深化设计力的研究。

第一节 粤港澳大湾区设计企业机构案例

2021"珠海设计奖 - 大湾区设计力"大奖从众多参评项目产品中评选出"城市设计奖""工业设计奖""生活设计奖""时尚设计奖""文创设计奖"5 个大类，25 个获奖项目作品。

一、城市设计奖

"珠海设计奖 - 大湾区设计力"城市设计奖的评选覆盖城市设计、城市更新、城市发展等领域，项目具有影响力及产业引领性。从获奖的作品来看，既有随着城市扩容发展，不断挑战城市设计高难度的新建项目，也有城市更新过程中，充满人文关怀的改造扩建项目，2021 年大湾区设计力·城市设计奖获奖项目见表 5-1。

表 5-1 2021 年大湾区设计力·城市设计奖获奖项目名单

项目名称	项目机构
容闳公学	珠海华发建筑设计咨询有限公司、 珠海华发景龙建设有限公司
狭缝中的音乐厅：香港九龙塘宣道小学扩建	元新建城建筑师事务有限公司
前海城市新中心规划	深圳市城市规划设计研究院有限公司
中以创意中心、中以产业中心	珠海华发建筑设计咨询有限公司、 珠海华发景龙建设有限公司
混合核心 ——珠海复合型垂直公共空间超高层设计	猫瞳建筑空间可视化工作室

1. 容闳公学

【项目背景】

华发股份下属华发教育在横琴粤澳深度合作区打造一所十二年一贯制的综合学校——容闳公学（图 5-1）。岭南风格是规划局给项目定的基调，作为华发教育的旗舰学校，该项目分为南北两个园区，通过建设传统风韵 + 时代特色的典雅校园，在岭南风格与现代建筑中找寻一种平衡。同时，在满足校园功能需求及审美需求之外，将教育理念融入每处校园设计。

图 5-1　容闳公学鸟瞰图

【项目特色】

本项目依据儿童的年龄和求知特点，设计了形态和风格具有差异的空间。立面设计分区明确，形成传统岭南风格、现代岭南风格、德威国际学校风格三个层次。项目将广东地区传统岭南元素和教育教学相结合，让每处空间都与教育相关，让学习空间无处不在，让教育功能充分展现，让思维流动和思想碰撞成为日常。最终，通过空间多样、动线合理、高效运作的设计，让"教育和成长随时随地发生"的愿望在这里落地为实。项目建成后成为横琴新区的教育名片。

【项目成果】

镬耳墙、人字脊、室内天井疏朗通透、兼蓄秀茂的岭南园林，博采四大岭南名园精华的亭台楼阁，寓意通往最高学府的"成贤街"，在特色牌坊、石印石刻、楹联匾额间，孩子们耳濡目染，领悟珠海的人文故事，在文化脉络溯源的过程中关于"美"的见解也应运而生（见图 5-2）。

图 5-2　容闳公学岭南风格

同时，建筑布局疏落有序，融入开敞通透的空间设计，结合窗榻，既展现岭南建筑开放流通的特点，又结合当地的气候环境，提供了相应的环保及节能措施，减少对能源的消耗以及对环境的污染。

让教育无处不在，让学习随时发生。在这里，传统的格子间教室被打破，课堂有了崭新面貌，教学空间被设计为"三室一厅"，即三间教室和一个公共活动区的"教学组团"。学生们既有班级内的生活空间,也有微型"小学校"打通班级界限,提供出门相遇的人际交往空间。

设施多样的运动空间带给孩子不同的乐趣与体验,建筑面积近 2400 平方米的专业体育馆,能欣赏户外春光的游泳馆,任人自由驰骋的标准田径场,不惧风雨的篮球场,还有击剑馆,功能一应俱全,为校园增添青春活力。

在艺术教育方面,容闳公学打造了丰富多彩的专业空间,建筑面积超 3000 平方米,约 880 人容量的"容闳公学剧院",堪称珠海第三大剧院,专业的剧院声光电设计,为孩子们的艺术学习提供最佳环境。

【项目难点与解决方案】

围绕打造原汁原味岭南风格这一命题展开设计,同时将建筑面积达 3700 平方米的岭南风格图书馆作为学校的主入口,这是摆在设计面前的一道难题。

解决方案主要是从传统岭南建筑的院落与园林布局中汲取灵感,借鉴岭南传统民居"三间两廊"的格局,传承容闳开放、包容的精神理念。秉持"以学生为中心,以学习为中心,以成长为中心,以社区为模型,以开放为态度"的设计理念,融合创新学习空间及互动的教学元素,打造一个传统与现代相融合的新型校园。

此外,传统岭南民居由于体量不大,镬耳和人字脊通常不会同时在一栋建筑中出现。但是为了承载这座建筑面积达 3700 平方米的图书馆,通过精密计算与电脑模拟,创新性地做出了岭南地区体量数一数二的镬耳,并将镬耳山墙与人字屋脊巧妙结合,由镬耳山墙将建筑的整体气势向上引,既凸显岭南民居特色,又强化图书馆的中心地位(见图 5-3)。

图 5-3　容闳公学图书馆

【项目经验分享】

• 在容闳校园项目中，除了各自独立的教学楼之外，还有诸多功能场所是共同使用的。规划团队将关注的重点落在学校的公共设施组团上，包括图书馆、体育馆、大剧院。这三栋主要公共设施是容闳公学体量最大的三栋建筑，可以容纳最多的使用者，举办大型的活动，同时也是学校的门面。尤以中间的图书馆为重中之重，它既提供学习场所，也是学校的正门入口，是学校形象和气质的标志。

• 在容闳公学的设计中， 在第一版初稿之后，又修改了十几稿才最终定版，设计团队和华发教育团队、建设方经历了多轮交流碰撞，围绕岭南风格这个命题，从城市场地风貌切入，体现与自然、环境以及文化的交融，这是一种务实、求新的创作方向。

• 包括图书馆在内的公学校园建筑，都使用了岭南特色的传统建造工艺。屋面整体装饰工艺采用岭南传统的"三雕两塑" ——砖雕、石雕、木雕和陶塑、灰塑， 皆由岭南传统工匠手工制作，古朴厚重、 大气典雅。上面雕塑的故事是孔子讲学、老子讲经、 竹林七贤，还有琴棋书画、梅兰竹菊、福禄寿等跟教育、跟传统文化相关联的题材，将屋沓装饰得更丰富，既体现出浓郁的岭南书院氛围，又在美学功能之外发挥教育的功能，让身处其中的孩子们能够铭记源远流长的中华历史，积淀传统文化的底蕴。

2. 狭缝中的音乐厅：香港九龙塘宣道小学扩建

【项目背景】

宣道小学建于 20 世纪 90 年代，建筑延续了香港传统的校园风格，不宽裕的户外空间，被一层层走廊和一间间教室所围绕，严谨清晰。这所学校以培养孩子们在音乐方面的特长为特色，却缺少一处专门的空间给孩子们练习音乐。元新建城建筑师事务有限公司（以下简称元新建城）接受委托，去弥补这个缺陷，为它设计一个音乐厅，见图 5-4。

图 5-4　香港九龙塘宣道小学音乐厅扩建项目

【项目特色】

考虑校园里原本留给孩子们活动的户外场地非常有限而狭窄，元新建城把新建的音乐厅悬浮到半空，保留原有的活动空间。同时把音乐厅的形体处理成流动的曲线，与原有的建筑界面保留着似分似合的缝隙，让阳光、雨水和风，通过这变换的间隙，可以渗入下部空间，见图 5-5。

图 5-5　狭缝中的音乐厅：香港九龙塘宣道小学扩建（下部空间）

【项目成果】

项目有效利用高度，构建出一个半开放的阶梯讲堂。利用这种空间的升起、叠加、交错和互相串联，帮孩子们在有限的场地内，获得无限的探索体验和游戏空间。同时，项目尝试了多样的材料，去丰富和强化不同空间的属性和气氛，创造多元的感官体验，见图 5-6。

图 5-6　狭缝中的音乐厅：香港九龙塘宣道小学扩建（空间变化与多样材质）

图 5-7 狭缝中的音乐厅（内部空间）

【项目经验】

孩子们天性渴望探索，充满想象，富有好奇心和创造力。元新建城希望这个生长于狭缝中的音乐厅，除了提供一个让孩子们远离外界一切嘈杂与干扰、平静内心、练习音乐的场所外，也能够回应他们的天性，帮他们获得更多可追逐玩耍、感知自然、探索逗留、相遇交谈甚至独自发呆的空间，使他们这段小学的生活和记忆，变得丰富而生动，见图 5-7。

3. 前海城市新中心规划

【项目背景】

作为站位更高、视野更广的整体纲领规划，本项目将前海新中心定位为"粤港澳大湾区创新合作的新核心引擎、未来城市文明先行先试的新示范标杆"，并在 72 平方千米范围内重构"新中心"的总体格局，建立区域发展共识、梳理共同行动纲领。

【项目特色】

规划引导前海从"聚产"到"聚人"，通过更完整的中心区功能集聚、更全面的要素整合、更宜人的城市品质营造、更便利的大湾区城市连接，打造面向未来的大湾区新中心范例，见图 5-8。

图 5-8　前海城市新中心规划鸟瞰

【核心策略】

规划主要在"构建山海城共生的生态型中心区空间模式；以湾区公共客厅为核心，营造海湾城区特色公共生活；减量提质，营造宜人的空间形态和城市体验；产城一体，构建国际标准的公共服务和设施体系；打造大湾区枢纽城区和高品质出行示范区"五个方面进行结构性创新升级，奠定了世界级中心城区蓝图，见图 5-9。

图 5-9　前海城市新中心规划：山海城共生的生态

4. 中以创意中心、中以产业中心

【项目背景】

中以创意中心、中以产业中心是珠海与"创新国度"以色列合作的创新产业载体，致力于打造具有全球影响力的创新资源配置平台和产业集聚平台，推动珠海加快国际一流创新要素的聚集，主动融入"一带一路"，建成粤港澳大湾区新高地。

项目位于珠海市科技创新海岸北围新沙五路北、新湾八路东侧，总用地面积7.4万平方米，总建筑面积34万平方米，见图5-10。作为大型公建群，本项目功能包括总部办公楼、灵活的办公空间、服务式公寓和小型展览馆等，致力于提供世界级的设施，为珠海创新型企业提供研发办公空间的孵化器，激发未来思维，帮助初创公司逐步成长至大型跨国公司。

图 5-10　中以创意中心、中以产业中心项目总览

【项目特色】

项目集合了高层办公、花园办公、配套商业和宿舍、华南区第一个被动式建筑——主动房。整个设计采用融合聚变的理念，即将不同的元素合并为一个整体，同时激发出巨大的能量。标志性的两座塔楼互相呼应，顶部富有动态感的造型设计，象征着两个国家之间的沟通对话，携手合作，带来协同创新效应，见图 5-11。

图 5-11　中以创意中心、中以产业中心整体外观

项目融入以色列和珠海当地独特的材料与文化，一方面借鉴以色列的地貌特征，将其运用到塔楼和裙房的设计中，创造了一个动感流线的立面效果。另一方面，在设计上追求创新，用独特的手法打破了空间局限性。以 U 形的风雨连廊体现融合聚变的理念，串联所有的主要建筑物，同时连接基地外围的高层塔楼及内部花园办公的边缘，由此提供了交流和联系的互动空间。

【项目成果】

在总体规划上，运用多个地面小广场和下沉广场互相呼应，花园式办公下沉庭院的设计将空间打造得更加丰富。充沛的绿地和丰富的天际线带来了一个充满活力的场所，互动不断，模糊了建筑与景观的界限，凸显了融合聚变的设计理念。整个建筑群体既有序严谨，又时时显露出丰富的变化，成为高新区标志性的办公建筑群。

室内设计以现代风格展现精巧微妙的细节，利用简单的线条、材料，表达空间气质。大面积暖灰色地砖，横向浅灰色的木纹墙砖，利用不规则的竖线条造型彰显层高优势。局部用金属点缀，搭配富有艺术感的装饰品，成为空间的视觉中心，形成简洁而兼具现代性的艺术气氛。步入电梯厅，横向墙砖与直线金属线条，凸显对比的效果，使整体空间简约，又不失设计感。通过运用横竖错落的元素，以趣致微妙的方式呈现公共区域，打造充满时代特质的都市空间。

【项目难点与解决方案】

销售办公塔冠的施工是项目难点，此塔冠钢结构悬挑大、重量大，建筑高度达 90 多米，钢构件吊装施工非常困难，后期幕墙及钢结构施工工期非常紧张。后来优化了塔冠的建筑方案，减少悬挑造型并以混凝土结构施工，这样既实现了建筑效果，又降低了施工难度，满足了工期进度，还降低了建造费用。

【项目经验分享】

本项目提倡的核心概念是交互与交流。希望未来进驻这片项目园区的创新企业能够推进并得益于这种互联的价值。正如我们在设计中致力于实现的，通过各种交流互动空间的配置，为新生的社区提供迅速发展的土壤。

为人们提供多元化的互动和分享想法的机会，这种交互将促进知识的交流和进步，打造一个朝气蓬勃的创造性工作社区。

5. 混合核心——珠海复合型垂直公共空间超高层设计

【项目背景】

近几年，珠海由于自身的城市空间发展与功能优化升级的迫切需要，开始对市区内的一些老旧建筑或功能落后的片区实施城市更新改造，以求实现新一轮城市产业迭代与城市服务质量的升级，满足未来城市的多元需求。顺应城市更新政策，在此背景之下进行创作，本质上是在原有工业用地地块无法满足现阶段城市发展需要的情况下，进行的一次城市设计项目的实践，同时也融入了我们对城市公共服务整合设计的一些思考与探索。

【项目特色】

超高层建筑设计项目——混合核心，依托珠海的城市场地，深挖城市关系，通过研究分析珠海的城市综合体与商圈演变历史，场地与城市间的地理关系，城市公共空间与目前面临的问题，提出的符合该城市特点的垂直复合型公共空间超高层设计解决方案。该方案旨在探究城市多种公共功能空间在超高层商业建筑中的复合形式，并进行转化设计。通过对公共功能的属性进行逻辑排布，营造有序的垂直公共活动序列，置入城市公共要素进行空间复合，创造出具有多重复合垂直公共空间的超高层商业建筑解决方案，如图 5-12 所示。

图 5-12　混合核心——珠海复合型垂直公共空间超高层设计

【项目成果】

作为珠海市中心的一座复合型垂直超高层综合体设计方案,该项目充分地在垂直高度领域中实现城市公共功能与人文景观的融合,力求最大化建筑中的城市生活公共性与开放性,成为满足城市居民各项需求的垂直混合功能体系,以解决过往综合体容易出现的单一且封闭的功能结构与城市公共功能分布不均的问题。复杂的混合体系也考验着空间组合与功能流线的逻辑处理方式,这为后续同类型建筑设计项目提供了一种深入思考、综合解决问题的思路。

【项目难点与解决方案】

在项目初期提出了"混合核心"的概念,从一开始就定义了这个项目并不是简单的城市综合体设计,希望能通过宏观的城市设计分析反过来微观地思考我们的建筑单体如何更好地融入城市,不与城市使用者产生割裂。这要求我们去分析城市居民当下的商业消费模式和公共服务需求,去探索一种可持续发展的设计方式,让建筑能够根据使用者不断变化的需求来丰富城市的公共空间。

由于使用者的需求是多元且各不相同的,所以需要对城市功能现状进行分析,逐个罗列并划分出优先级;找出当下最迫切需要被满足,或者可以被继续完善加强的需求,按等级进行要素整合。由于该项目的功能集约程度很高,所以要求设计者在垂直分区的功能排布和动线设计上要有很强的逻辑和条理性。因此需要对各功能的使用频率和时间进行罗列排布,自下而上的进行有组织的功能梳理和活动序列的分流与串联。除此以外,本项目还将城市景观进行小尺度的处理,植入各功能区块内,以满足城市景观公共生活的微气候需求。

【项目经验分享】

建筑空间的虚拟表现是我们在项目设计中的强项，也因此不断学习和了解了视觉技术，提高了方案设计的整体性。在前期的场地、城市区位分析之后，通过可视化的手段进行推演，在方案设计前期就能全面直观地判断方案在地块中与周边场地的尺度关系是否适宜，尽早预估出方案落地之后的效果，代入城市使用者的直观感受来进行设计。通过前期可视化手段的参考，开始对方案进行精细化设计，使建筑空间得到尺度优化。这些可视化设计手段的过程与成果最终成为提案的逻辑推演与方案成果的写实呈现，形成一套完整的贯穿整条时间线的设计思路，有助于提高业主对方案的理解与接受度。

二、工业设计奖

"珠海设计奖 - 大湾区设计力"工业设计奖的评选覆盖工业设计领域，产品以设计赋能，具有良好的市场反馈。从获奖的作品来看，既有经典的小家电设计，也有传统的工业设计；既有科技含量较高的机器人设计，也有应用流行元素的创意产品设计，表现出工业设计多样化的发展趋势，同时也标志着我国的工业设计从中国制造到中国创造的重要转变，2021 年大湾区设计力·工业设计奖获奖项目名单见表 5-2。

表 5-2 2021 年大湾区设计力·工业设计奖获奖项目名单

项目名称	项目机构
多功能胶囊咖啡机	广州维博产品设计有限公司
二手玩具交换机	广东科学技术职业学院 - 广科院金辉产学研基地
网络式预付费电能表	珠海派诺科技股份有限公司
NS100 骨科手术机器人系统	南京佗道医疗科技有限公司
电梯无接触 - 光感按钮操纵箱	广东伟邦科技股份有限公司

1. 多功能胶囊咖啡机

【项目背景】

胶囊咖啡机属于目前市场上制作咖啡最为方便快捷的一种新型机器，被很多消费者称为"傻瓜式"咖啡机。它操作简单，方便快捷，只要在打开机器后把胶囊放进胶囊槽中，就可以萃取出一杯咖啡，相比于使用咖啡粉和咖啡豆来说，更加简单快捷。

【项目特色与成果】

此产品属于多功能胶囊咖啡机，兼容各大品牌，一机多种胶囊系统，让消费者有更多选择，不再局限于一种胶囊咖啡。在操作方面，该多功能胶囊咖啡机具有一个电源按键和大、小杯功能按键，简单清晰，非常便于操作，如图 5-13 所示。

图 5-13　多功能胶囊咖啡机

2. 二手玩具交换机

【项目背景】

目前，很多有孩子的家庭，旧玩具堆积如山，新玩具源源不断，玩具的存放处理成为困扰许多家庭的一大难题。随着国家三孩生育政策的实施，未来孩子增加，玩具增多，闲置儿童玩具的处理问题会越来越突出。

【项目特色】

通过调研发现，儿童对于玩具的新鲜感远大于玩具的新旧程度。因此，本项目设计出以盲盒形式进行二手玩具交换，不仅解决众多家庭的难题，而且也符合当下社会所倡导的可持续发展绿色理念。

【项目成果】

独特的盲盒设计与外包装的设计风格，可以激发儿童的好奇心与收集兴趣，收集盲盒的包装还可以兑换新玩具。在本产品的出入口，有相应的扫描识别和消毒装置，可以对玩具、包装盒进行全面消毒与识别。针对小学及学龄前儿童这一对玩具需求程度较高的群体，产品应用半圆形外观设计，没有边角不容易使小孩受伤，同时根据孩子的身高来设计产品高度，使其更加适合儿童，如图 5-14 所示。

【项目难点与解决方案】

一开始在研究用什么方法能够让儿童产生交换的兴趣时，发现儿童可能对于"新"玩具比较喜欢，所以就考虑结合当下的设计热点——盲盒，以及当下的设计大趋势——绿色环保可持续设计，在盲盒的包装方面下了不少功夫，设计出了好几版方案。

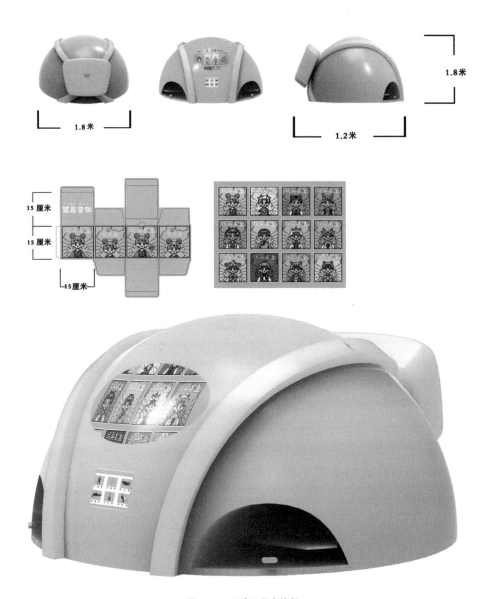

图 5-14　二手玩具交换机

【项目经验分享】

紧跟当下热点，真正关心用户，做有社会价值的设计。

3. 网络式预付费电能表

【项目简介】

本产品（图5-15）致力于提供有效的充值缴费与收费管理。通过网络式预付费电能表，助力非居民用电的便捷缴费，优化用电缴费管理模式，实现用电网络式充值缴费、电表端自行结算及控制功能。通过预付费电表及配套应用软件，为相关管理方提供高效、可视化的收费模式，让用户缴费更便捷，用电更透明。

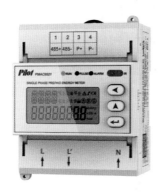
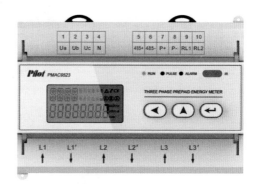

图5-15　网络式预付费电能表

4. NS100骨科手术机器人系统

【项目背景】

本项目应对患者数量、手术需求的快速增长，重点解决传统骨科手术仍然依靠"徒手操作"的诸多痛点，为骨科患者提供精准治疗方案，由此解放医生，造福患者，推动常规手术微创化、复杂手术标准化、高难度手术智能化。

【项目特色】

骨科手术机器人（图5-16）采用革命性技术，通过手（机械臂系统）、眼（光学跟踪＋影像）、脑（中枢处理软件）的配合，为医生赋能。先驱性的 3D/2D 技术大幅降低了医疗费用，减轻了患者的负担，让高水平手术普惠基层医疗，让医疗更公平高效。

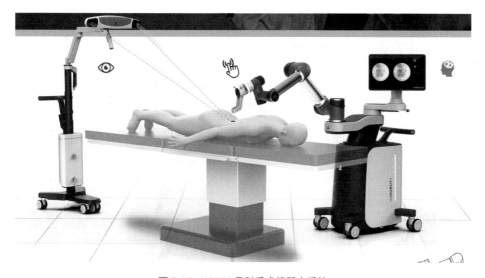

图 5-16　NS100 骨科手术机器人系统

【项目成果】

骨科手术机器人作为一款智能化的创新性医疗器械产品，以多模交互和前沿体验有效提升手术效果，为病人带来稳定可靠且个性化的手术解决方案，促进微创化、智能化等先进临床理念的应用和推广。

智能手术驾驶舱将操作权还给主刀医生，通过声光电综合交互系统，自主操作的触控屏，构建以医生为中心的状态仪表台（图 5-17），让医生聚焦患者。0.8 毫米的精度超越人手极限，减少人为失误；而微创的精度提升到 5 毫米，更小的切口缩短了术后的康复周期，术中的辐射也降低了 70%，减少了对医生的伤害。

精益紧凑的设计适配 95% 以上的手术室，机械臂外展可以增加 10%

的覆盖范围；机体的内缩小设计则可以减少感染风险。此外，开放式架构可以复用到各科室微创手术，自行研发的专利涂料、抗菌自修复涂层减少了消毒剂的使用，可以延长产品的寿命。

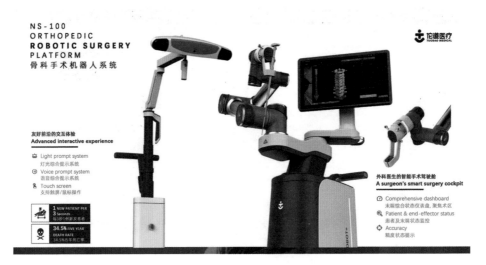

图 5-17　NS100 骨科手术机器人系统

【项目难点与解决方案】

手术室面积寸土寸金，如何集约化搭建产品构型，缩减体积，在不移动机器人的前提下尽可能实现更大的覆盖面积，协调解决效率与消毒清洁之间的矛盾，成为设计工作的重点和难点。

解决方案是搭建众多 1∶1 实物，通过在仿真手术室中模拟手术过程及操作，不断调整各种交互关系，对机械臂在内的构型进行优化。同时还要攻克紧凑机身给结构、硬件设计带来的挑战，解决空间、散热、电磁兼容性（EMC）等一系列问题。

【项目经验分享】

•设计人员要接近用户及真实使用环境，多看、多思考，不要闭门造车，不要急于做设计，要先让自己成为该领域的专家，这一点对医疗器械行业尤其重要。

•要敢于创新，更要接地气。

•将用户研究引入产品及原型的验证环节，在迭代成本低的时候，尽早修正，在节约开发资源的同时，从客观上也可以避免重大迭代，加速项目开发。

5. 电梯无接触 - 光感按钮操纵箱
【项目背景】

疫情引发电梯环境安全问题，为了让广大市民用户在乘坐密闭式电梯时最大程度降低感染风险，迫切需要无接触操作的呼梯方式。

【项目特色】

无接触式操作受到电梯制造厂商和乘客的重视与欢迎。更符合人们传统呼梯习惯的设计应运而生，助力疫情防控工作。

【项目成果】

电梯无接触 - 光感按钮操纵箱（图 5-18）使用全钢化玻璃面板，圆角设计，克服传统不锈钢的冰冷感，提高人机交互亲和力。九宫格十字组合键，解决多楼层按键密集排布问题，并适合标准化批量生产。光触按钮采用滤波算法，能抵抗强光、红外线干扰，避免电容式按钮易受环境变化影响导致的不稳定性。同时可搭配不同功能需求，按照客户要求定制模块，如 IC 卡呼梯、语音呼梯等；内置 WiFi、蓝牙模块，可实现手机 App 控梯且方便内容更新。

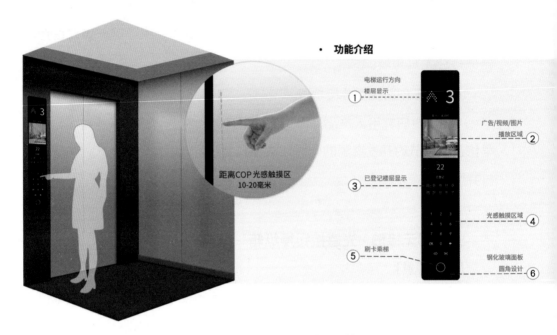

· **功能介绍**

电梯运行方向
楼层显示 ①

广告/视频/图片
播放区域 ②

距离COP光感触摸区
10-20毫米

已登记楼层显示 ③

光感触摸区域 ④

刷卡乘梯 ⑤

钢化玻璃面板
圆角设计 ⑥

图 5-18　电梯无接触 - 光感按钮操纵箱

【项目难点与解决方案】

　　目前市面上的无接触呼梯，在实际应用过程中，会因为各种原因造成接触不良，或者用户无法第一时间充分理解如何使用，而使用户体验欠佳。因此我们从使用习惯出发，希望能研发设计出与原来直接按键方式相近似的产品，由此形成初步设计方案，再进一步探讨技术的实现方式，最后评估商业价值与产品发展潜力。

三、生活设计奖

"珠海设计奖 - 大湾区设计力"生活设计奖的评选覆盖生活空间领域，遴选在生活空间设计出众，并能引领低碳、高科技生活趋势的项目和产品。

从获奖的作品来看，既有利用新技术手段改善失能群体生活的智能化照护系统，又有符合年轻群体消费习惯，将医学检测设计成日常可穿戴首饰的痛风检测仪；既有突破创新，将筒灯与射灯完美结合的智能新型多角度光照筒射灯；又有情感关怀，打破传统家具模式，直面年轻人生活问题的情绪系列家具；此外，还有融合建筑、景观、室内设计与艺术装置的中山华侨城城市展厅项目。

2021 年大湾区设计力·生活设计奖获奖项目名单见表 5-3。整体来看，获奖作品表现出生活设计从注重功能与美观转向更深层的文化表达、情感关怀，呈现出年轻化、智能化的发展趋势。

表 5-3　2021 年大湾区设计力·生活设计奖获奖项目名单

项目名称	项目机构
智能化失能卧床照护系统	珠海市华科智能辅具科学研究院 广东铱鸣智能医疗科技有限公司
情绪系列家具	清华大学美术学院 佛山市全亚家具有限公司
多角度筒射灯	广州金闪熹灯饰有限公司
痛风检测仪	鲁迅美术学院 中英数字媒体（数字媒体）艺术学院
中山华侨城城市展厅	深圳美术绿色装配建筑装饰有限公司

1. 智能化失能卧床照护系统

【项目背景】

当下社会人口老龄化严重，养老问题成为社会热点。一人失能全家失衡，越来越多的家庭因照护失能卧床亲人不堪重负。在此，希望通过本设计改善老人的护理条件，解决众多家庭的照护难题，为社会减负。

【产品特色】

本产品（图5-19）使失能照护智能化，可全天候自动密闭清理大小便，智能监测生命体征及体位，安全自动翻身加按摩，配备可水洗的防压疮床垫，具有卧床洗浴功能。它不仅使失能照护变得干净，避免被照护者的生理尴尬，维护其尊严，同时也能减轻照护者的劳动强度，降低护理成本。

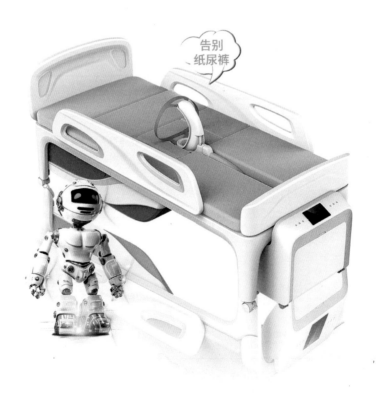

图 5-19 智能化失能卧床照护系统

【产品成果】

本产品符合人体工学设计，通过传感器进行反馈，床与主机，床与穿戴部分智能联动，让设备更好地服务于人。同时，本产品解决了待机时透气和排便时密闭防漏的矛盾。自动上水及排污，自动翻身及防压疮按摩，免除需要定时翻身，尤其是夜间护理的负担。智能化失能卧床照护系统特点如图 5-20 所示。

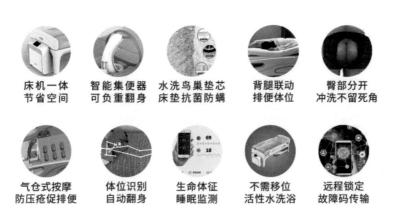

图 5-20　智能化失能卧床照护系统特点

【项目难点与解决方案】

设计构思与实用性、可行性的协调兼容是最主要的问题。不仅需要考虑人体工学构造，还需要通过反复试验找到适宜的材料。遇到关键难点会与材料、机器人、康复辅具及临床各领域专家深入交流，特别是得到了院士的亲临指导。在产品首版打样结束后，亲力亲为，反复测评，思考并提出更人性化的解决方案。

【项目经验分享】

养老辅具是一项造福老人的民生工程，产品不仅要有适应人体科学的结构，还需要结合用户体验，满足舒适度和便捷性的多重需求。

操作便捷是非常重要的一点。设计功能过于繁杂饱和，操作繁琐反而不利于实地应用。简易、便捷、舒适是产品最重要的几个方面，整个环节不仅需要工程师在科学结构上严格把关，还需要人性化的功能落地，以用户视角来思考最适宜的操作方式，将产品带入应用场景中去考虑。

2. 情绪系列家具

【项目背景】

现代青年的生活状态会有一些"丧"和 emo（网络用语，情绪化，不开心），情绪丰富而敏感，但是并不能随时随地发泄出来。为此，结合近年来"艺术疗愈"的热门话题，将情绪溶解到行为设计中，以此探索家具设计的新方向。

【项目特色】

家具是日常生活的重要组成部分，情绪波波球、情绪胶带、情绪之舟系列产品关注当下年轻人的情绪问题，着眼于家具与消费者之间的互动，尤其是消费者的创造性过程，具有广泛的社会效益，如图 5-21 所示。

【项目成果】

情绪系列家具打破了传统家具的模式，增加了消费者的参与性、创造性，同时提升了整体设计的趣味性。通过家具与消费者之间的互动，消费者可以缓解情绪，释放压力。目前，此系列产品已申请结构专利，并在大湾区设计周、北京国际设计周进行展出，同时也受邀参加苏州设计周。

图 5-21　情绪系列家具（一）

【项目难点与解决方案】

情绪很难具象量化，所以无法得到一种有效的支撑结论证明家具设计的形态能真正给人带来治愈感。最后选择找一些人员做实验测试，以观察的方式去刺激，从而引发被试者产生无意识或者潜意识的一些行为。最终把这些行为进行分解，结合所研究的材料，对情绪的影响做了一些分析，发现材料可能会有更多直观刺激行为的表现。

【项目经验分享】

做设计需要自己去体验，亲身体验的状态会让创作的逻辑更直观。要注重材料的研究，比如本项目最初选了二十多种材料，随后逐步将范围缩小到几种。结合感官进行材料的选择，比如充气的情绪之舟，类似于泳圈，见图 5-22，可能这种体验的一些记忆会让人更舒适。材料还可以结合，比如在充气层里注水，摇的行为和水的声音，会让人产生放松的感觉。也尝试过一些非物质的材料，比如香薰的试剂，通过前中后调让人更放松。最终，在不断地探索中思路逐渐清晰，同时也考虑了设计的商业化可能性。

图 5-22　情绪系列家具（二）

3. 多角度筒射灯

【项目背景】

健康的照明接近自然光，不仅可以保护视力，而且节能环保，又亮又美。随着人们对健康光环境的需要不断提升，健康照明逐渐融合到智慧生活、智能家居，让人们的生活和工作更加美好。

【项目特色】

本产品为智能新型多角度光照筒射灯，实现健康柔光照明＋局部聚焦照明。新型智能发光二极管（Light Emitting Diode，LED）健康照明，接近自然光，手机 App、电脑及人工手动控制，可调控射灯 360 度旋转及 90 度任意角度照明，如图 5-23 所示。

图 5-23 多角度筒射灯

【项目成果】

本产品将筒灯和射灯两种功能结合在一起，可应用于多种生活场景。既实现有益于人体健康的光线照明，又可满足特定区域的聚焦照明需求，保护眼睛，节省空间，智能节能，一举多得。

【项目难点与解决方案】

在设计过程中主要遇到一些结构、材料，还有技术方面的难题，需要多方面的协作，由工程师、设计师，还有一些校企合作的学生、老师，以及合作伙伴 LED 灯片的厂商，通过不同的沟通，来进行优化提高升级。

4. 痛风检测仪

【项目背景】

近年来，全世界范围内患痛风病的年轻人愈发增多。这种慢性疾病的疼痛被称为"世界上最可怕的疼痛"。但人们有一种现象，即"不疼不治"，更有三分之二以上的年轻人选择自我治疗。痛风病需要控制饮食，及时测量才能得以自检。而现有的检测仪器大多需要患者自觉卡点扎针，这种自检方式对于年轻人来说，不便操作不利于推广。

【项目特色】

本项目设计重视年轻群体的接受程度和行为习惯，以个体主动认知性和自身健康能动性的判断，来探讨医疗检测与人类未来生活方式的结合。

【项目成果】

将首饰的概念赋予医学检测仪，通过佩戴首饰，将人体的流动热源显示于首饰，建立医学仪器与人体的沟通，如图 5-24 所示。通过热层析分析系统进行准确的检测，实时获得尿酸含量及检测数据，生成晶体模型。坚持检测，在按照时间节点拍摄赋予首饰生命力的同时，也与用户形成一种默契。

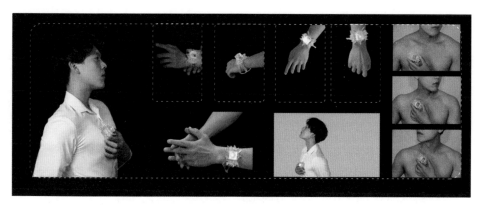

图 5-24 痛风检测仪

【项目难点与解决方案】

由于团队将用户锁定在年轻群体，所以问题的设定和内容的梳理，需要很大的"工程量"，同时作为视觉设计者，本身对技术运用并不熟悉。通过与相关专业的技术人员合作学习，最终将解决步骤有逻辑的陈述出来，并成功点亮了模型内核。

【项目经验分享】

整体框架的定义非常重要，在与服务群体沟通和进行数据收集的过程中，保证逻辑顺序的统一连贯，有利于后期具体问题具体分析和选取关键性成因。同时，跨学科合作是当下设计实践中具有极大优势的途径之一，通过与不同学科的交流学习，设计者能够更快成长。

5. 中山华侨城·城市展厅

【项目背景】

本项目位于中山华侨城"欢乐海岸"综合商业体，立足本土，深挖在地文化，将建筑、室内、景观、装置进行有机结合。

【项目特色】

本项目的设计充分把握了中山当地的文化和风土人情，没有简单运用传统符号，而是采用抽象的、艺术的手法对当地的传统文化进行全新演绎，这种既现代又不失传统文化意味的设计理念值得借鉴和推广。

【项目成果】

项目以所在地中山石岐"山多石，水分歧"的说法作为设计概念，室外部分以石为形，以水为主。一颗直径 2.8 米的紫色球体，寓意中山这座历史悠久的城市，是大湾区的明珠，中山之眼，紫气东来。夜晚通过幻彩灯光的照射，更是美轮美奂，真正成为大湾区的一颗耀眼明珠。中山华侨城·城市展厅（外景）如图 5-25 所示。

图 5-25　中山华侨城·城市展厅（外景）

室内部分（图 5-26），12 米高的中空悬吊了一颗直径 2 米、高 6 米的蓝色大水滴，寓意欢乐海洋中的一滴水落在中山，第三颗大型金色椭圆球体安装在白色大楼梯的下端，寓意财源滚滚来，这种体量、色彩，在一个纯白的室内空间中既现代时尚，又保留了传统文化的诉求。项目建成以来，广受社会各界欢迎，成为中山的时尚打卡地。

图 5-26 中山华侨城·城市展厅（室内）

四、时尚设计奖

"珠海设计奖 - 大湾区设计力"时尚设计奖的评选覆盖时尚设计领域，以设计赋能时尚产业。

从获奖作品来看，既有传统意义上的时尚产品设计，如首饰设计作品——踪迹系列；服装设计作品——"Hi，小心"系列，也有加入科技元素，实现在线定制的创新设计项目——iiiMARK 实验室"点画成金"智能化首饰定制设计系统，同时还有以时尚化的视觉表现赋能品牌的作品——NOICEN 雷音品牌设计和 YING CHOI 旗舰店设计。

透过这些获奖作品,一方面可以看到,技术正在推动传统时尚产业的变革,另一方面,时尚设计正在从单纯的产品设计走向全方位的品牌设计。而无论是哪种变化,时尚始终关乎人的体验与情感,是人与自然、人与社会之间的一种互动表达。2021 年大湾区设计力·时尚设计奖获奖项目名单见表 5-4。

表 5-4 2021 年大湾区设计力·时尚设计奖获奖项目名单

项目名称	项目机构
踪迹系列首饰	珠海建轩服装有限公司
"Hi,小心"系列服装	广州例外服饰有限公司
NOICEN 雷音品牌设计	珠海市上合式设计有限公司(VRD)
iiiMARK 实验室"点画成金"智能化首饰定制设计系统	山海集(深圳)智能科技有限公司
YING CHOI 旗舰店设计	深圳市点金之笔装饰设计有限公司

1. 踪迹系列首饰

【项目背景】

近年来团队持续致力于传统手工艺的传承,希望在生态环境与商业之间取得一种平衡,让商业、传承、生态三者形成一种良性循环。2014 年,团队在贵州雷山进行了首次考察,与当地交流发展文化创意产业的理念及方向,并对接工艺资源,"踪迹"系列首饰由此应运而生。

【项目特色】

"珠生于贝,贝生于海",海洋文化与海洋艺术是珠海永恒的主题。作品取深海珊瑚、礁石与贝壳类彩色化石为元素,在设计中呈现了一场与海洋的深度交流,如图 5-27 所示。

图 5-27　踪迹系列首饰

【项目成果】

　　沉寂于深海的珊瑚、贝壳，色彩斑斓，结构分明，见证了世界的沧海桑田。选取原型的特点——"叠""彩""序""斑"，结合解构主义艺术的创作理念及手法，融合独特的金属着色技法，令温润动人的天然宝石与带有自然肌理感的银饰交相辉映，传颂着人与自然和谐共生、绵绵不绝的美好情愫。

【项目难点与解决方案】

如何将艺术性与商业性有机结合，既体现传统工艺之美，又利用先进的现代科技服务整个设计与制作流程，这是项目的难点。为此，首先整理了所有贵州的金属工艺，然后进行归纳与整理，选择出最适合的呈现方式，而后与现代化工厂进行多次试样与沟通，最终达到了现在的效果。

【项目经验分享】

民族的就是世界的，要发掘中国多民族的美与艺术，以一种虔诚的心态去做设计。

2."Hi，小心"系列服装

【项目背景】

自 2020 年初新型冠状病毒肺炎疫情暴发以来，人们亲历了疫情所带来的诸多情绪——焦虑、失望、郁闷、感动……对人生无常的感叹，长时间居家隔离的烦躁，反复核酸检测的无奈，成为几代人的集体记忆。所以，本项目希望通过服装系列的设计，以一种不那么沉重的心情去记录下这段时光，并期望所有人都能珍爱当下，关爱身边的人。

【项目特色】

广州例外服饰有限公司 2021 线上专供系列"Hi，小心"，在疫情的大背景下，以防疫服上的鼓励性话语作为灵感源。通过运用"聊天中的形意符号"，探讨如何以虚拟标识化的语言来补足现实，重新构建人与社会的关系。

【项目成果】

通过提取表达"善意""小心"的视觉情感符号（emoji）作为元素，希望穿着者可以将这段疫情的经历当作一种过程，即使在艰难的时刻，也能过得轻松开心，如图 5-28 所示。

图 5-28　"Hi，小心"系列服装

【项目难点与解决方案】

难点主要是如何为整个系列找到契合的、能准确传递轻松和关爱情绪的主视觉形象，如何通过抽象化的表情符号达到叙事化的设计意图。为此，在整个前期设计灵感的搜集过程中，参考了不同领域的艺术作品，从中汲取灵感，将我们的理念，巧妙地融合进设计创作中。

【项目经验分享】

设计灵感并非一蹴而就，需要注重平时的积累，多去看些不同领域正在发生的事件和非本专业的书籍，关注当下，关注我们的时代，关注我们的生活。

3.NOICEN 雷音品牌设计

【项目背景】

客户是一家开发创新音响电子产品的公司，这次一起联合研发具有先锋前卫感的音响产品，希望可以从品牌概念、视觉形象、产品外观上体现一定的设计感，并具备创新实验性，可以刺激并探索未来年轻人的音响消费市场。

【项目特色】

NOICEN 是一个生产音响、耳机等相关电子产品的新锐品牌。本次设计以"声的浓墨重彩"为主题，采取水墨 × 像素的表现手法，形成文化概念 × 电子产品的效应。希望可以由此打造一个更具特色的音响产品品牌，突破现代电子产品与传统水墨文化的隔阂。

【项目成果】

声以波的形式传递，无形无色。因此，设计试图将"声"进行可视化，浑厚的音色就像一滴浓墨入水，层层散开，与声响由强渐弱的体验相似；而拔剑般的高音，就像洒脱挥笔；干净利落的笔触，像余音留下的痕迹。整体设计遵循马赛克极简几何风格，以方块造型为主，契合音响可携带的形态，当它插入其他设备后，能组合成更专业的音响，如图 5-29 所示。

【项目难点与解决方案】

我们需要结合客户自身的工业开发能力，在天马行空的创意与可落地生产中找到平衡点。我们与水墨画的艺术同行以及电子产品设计师做了多次交流，一起探索"水墨 × 像素"的设计可能性。在互动中激发出很多有趣的想法，最终融入这次的品牌设计中。

【项目经验分享】

涉及工业设计的产品品牌，对我们品牌设计师来说是比较有挑战的，很多品牌层面的视觉设计能否很好地融入产品中，需要考虑更多。仅仅结合到表面是不够的，要把视觉概念结合到产品的形态轮廓，才能最好地融合。所以这次选取了像素的几何形态，除了符合概念主题，也相对易于产品设计的落地尝试。

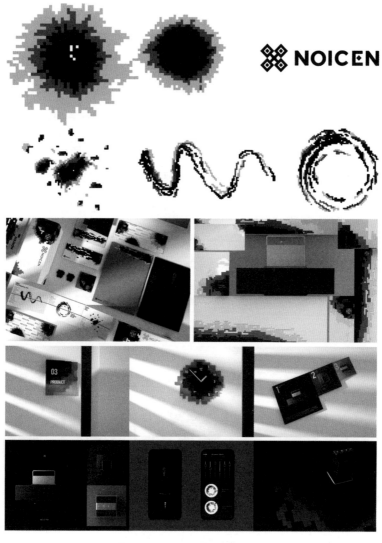

图 5-29　NOICEN 雷音品牌设计

4.iiiMARK 实验室 "点画成金" 智能化首饰定制设计系统

【项目特色】

iiiMARK 实验室通过智能化设计软件及相关内容的设计研发，为珠宝首饰销售终端赋能，并整合珠宝产业 3D 打印制造资源，形成快速响应的供应链云服务，提出未来首饰作品由用户自助共享设计的 C2M（Customer-to-Manufacturer，用户直连制造）模式，从根本上满足消费首饰产品的差异化需求，实现珠宝零售终端轻库存、重体验感的新零售模式。

【项目成果】

iiiMARK 实验室的 "点画成金" 智能化首饰定制设计系统以自主研发的 2D 数字图片向 3D 数字模型自动识别转化，并生成可用于 3D 打印模型的数据算法核心技术为依托，大大缩短了传统首饰定制的流程，如图 5-30 所示。通过线下沉浸式体验与线上互动程序的结合应用，融合传统工艺与数字技术，赋能用户，即使 0 专业基础的少年儿童也可以通过自己的绘画涂鸦直接参与创作独一无二的珠宝首饰。2019 年，iiiMARK 实验室与周大福、建设银行等知名品牌机构合作开展多次 "点画成金" 快乐家庭首饰设计课堂及设计体验活动，客户购买首饰作品转化率达 50%，对首饰产品转化满意程度为 98%。

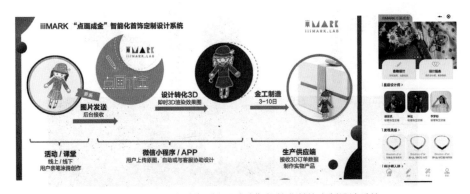

图 5-30　iiiMARK 实验室 "点画成金" 智能化首饰定制设计系统

5. YING CHOI 旗舰店设计

【项目特色】

YING CHOI 是一个集合了高定和成衣产品线的高端女装品牌，曾经先后参加中国国际时装周和深圳时装周。以服装为切入点，它希望客户能从这里体验独一无二的旅行定制以及专属的社交活动。为此，品牌旗舰店不只是一个零售场所，或是传播品牌形象的载体，更是品牌综合创新，实现服务增值与社交互动的核心空间。

【项目成果】

与浪漫优雅的服装风格，高贵奢华的品牌定位相匹配，YING CHOI 旗舰店用设计营造出梦幻的氛围，色调柔和，灯光明媚，如图 5-31 所示。不同于一般的旗舰店，这里的空间更为高挑宽敞，以此满足品牌的社交需求。同时，于细节之中体现品质感，整体形成一种柔美华丽的风格，为女性用户带来全方位的美感体验，增加客户对品牌的情感。

图 5-31　YING CHOI 旗舰店设计

五、文创设计奖

"珠海设计奖 - 大湾区设计力"文创设计奖的评选覆盖文创设计领域，以设计赋能文创产业。

从获奖作品来看，既包含文创产品设计——机械党新品类潮玩"蒸汽朋克"风系列、无限旋转创意围棋，也包含以设计思维赋能现代农业的小鸡小藻虾青素鸡蛋，同时还包括文创平台——COLORMARK 创意设计平台和青年设计 100 创新平台。

随着经济增长与第三产业占比的不断提升，文创产业迎来大发展。从过去依托于特定 IP 的衍生品，走向更广阔的新消费领域，以此推动产品创新，催生出一批聚合平台，成为新文创的孵化器。2021 年大湾区设计力·文创设计奖获奖项目名单见表 5-5。

表 5-5　2021 年大湾区设计力·文创设计奖获奖项目名单

项目名称	项目机构
机械党新品类潮玩"蒸汽朋克"风系列	广科艺术设计学院机甲天下实训中心
COLORMARK 创意设计平台	珠海格力电器股份有限公司
青年设计 100 创新平台	青年设计 100
小鸡小藻虾青素鸡蛋	广东华敏健康科技有限公司
无限旋转创意围棋	清华大学美术学院

1. 机械党新品类潮玩"蒸汽朋克"风系列

【项目背景】

作为珠海大学生创业孵化品牌，机械党是创始于 2012 年的创新型潮玩品牌，最大的特点是秉持着"remake"的设计理念，将原本有固定用途的材料和零件进行"再造"，用可量产的五金零件创造出具有"乐高式语言体系"的全新品类潮玩。

【项目特色】

面对当下潮玩行业缺少艺术性以及同质化严重的问题，机械党的创作通过不同寻常的创意，充分发挥背靠粤港澳大湾区，五金生产厂商云集的优势，利用大湾区海量的五金零件供应链，不断创造充满创意的潮玩新作。

【项目成果】

在造型设计上，机械党巧妙地把金属质感与机械美学相融合，用常见的金属零件来诠释艺术源于生活又高于生活。通过选用适合的螺丝，在不改变五金零件外观的前提下，穿过零件自带孔洞进行螺母锁死链接，实现结构重组。

图 5-32 机械党新品类潮玩"蒸汽朋克"风系列之阿基米德蒸汽弩

在这组"蒸汽朋克"风系列设计作品中，阿基米德蒸汽弩（图5-32）可以完成弹皮筋的创意小玩法；摄能灯笼鱼（图5-33）在材质选择上搭配使用了真皮，纹理和质感还原出产品最逼真的效果，并实现头部灯球可发光的创意玩法。

图 5-33 机械党新品类潮玩"蒸汽朋克"风系列之摄能灯笼鱼

此外，本项目也是机械党与广东科学技术职业学院艺术设计学院进行产学研融合的成果，通过双方合作开办实训中心，充分发挥学生的创造力，帮助他们积累实践经验，也让源源不断的新奇创意助力企业的创新发展。

【项目难点与解决方案】

前期的难点主要是零件的寻找。从 2012 年品牌创立之初到产品逐渐成形的过程中，我们走访了线下近 1000 多家的五金门店或工厂，以寻找零件，经过了近十年的积累，才完成了现在的零件储备。目前的难点是作为一个新品类的开创者，要不断突破自身的设计瓶颈，要有更多的创意，而且除了创意，还要做到同行业最优的产品设计及体验，兼顾消费者喜欢的品牌价值内涵，这些都需要不断优化。

【项目经验分享】

作为一个"无中生有"的项目，从成立之初到现在，总有很多"杂音"告诉我们，这个事情不行。希望大家作为"创造者"，不要被外界过多干扰。最重要的是实事求是，尊重客观情况，一步步分析优化自己的项目。

2.COLORMARK 创意设计平台

【项目背景】

"互联网 +"不断发展，如何立足粤港澳大湾区，发挥企业自身在用户体验，用户界面（User Interface，UI）设计等领域的优势？以用户体验设计为核心，COLORMARK 创意设计平台致力于将大湾区优秀的设计公司、团队、高校相互连接，实现跨行业的设计学科与设计产业融合。通过线上加线下的创作设计服务模式，为企业和设计者赋能，打造一个更加符合工业互联网形态的设计社区 + 云空间 + 项目管理的全生命周期管理平台，形成设计驱动的创新产品和设计生态圈。

【项目特色】

COLORMARK 创意设计平台由珠海格力电器股份有限公司、珠海联云科技有限公司共同发起，目前有用户体验设计、文化创意、平面设计、工业/产品、插画、空间、三维动漫、影视、摄影等多个领域，通过集中资源优势，赋能设计产业，为单位/企业/个人提供设计服务，如图 5-34 所示。

【项目成果】

一方面，COLORMARK 创意设计平台是面向产品创新的软件即服务（Software-as-a-Service，SaaS）设计平台，作为数字全流程的设计平台，帮助创新者实现价值连接和设计成果转化，打造创新设计生态闭环。另一方面，COLORMARK 创意设计平台也致力于设计资源共享，邀请用户体验专家驻扎平台并为企业团队提供技术指导，与创新者分享业界前沿资讯、众多创新产品解析，以

图 5-34 COLORMARK 创意设计平台

此服务于各设计团队，打造线上线下的设计社区。COLORMARK 创意设计平台高效的服务设计，在帮助客户实现业务需求的同时，也注重培养设计师 IP、企业 IP、品牌 IP，致力于打造大湾区出色的用户体验设计品牌，助力地方产业转型升级。

【项目难点与解决方案】

项目需要解决的问题主要有：① 平台框架搭建；② 开发人员变更；③ 平台用户登录并发性承载；④ 用户网页端，手机端操作体验优化；⑤ 用户个人（企业）信息保护；⑥ 信息资料存储保密；⑦ 用户作品版权保护；⑧ 商务对接，如何在平台中进行商业模式规划。

项目难点主要是整合公司内部与企业外部的用户核心关注点，以差异化设计打造平台的核心竞争力。发挥大企业已有的优势，帮助中小企业建立客户关系，提高设计生产效率，降低人力成本，平衡用户和企业之间的利益，从而解决企业与用户的痛点，推动共同进步。

解决方案主要是采用了思维导图，使看似不经意散布的各个关键节点，实则有一种组织性。用思维导图来减少繁杂的外部因数，梳理优先级，去被动化概念，将需求的局部搬到公共空间有争议的地方定调讨论。在框架图的基础上开展设计公式，各板块要形成严格的逻辑顺序，前后间相互联系、相互继承，使总体在设计精神、视觉系统的任何一个节点上见微知著，举重若轻。

不完全按常规设计思路去解决，特殊问题特殊讨论。讨论结束后回归到大的设计路线中来，既节约了资源与经费，又点缀了设计路线，更提升了平台的体验感受。

【项目经验分享】

项目主要的指导思想还是以人为本，并以共同协作为核心，总览全局，实现跨学科、跨领域的设计理念。同时，做好用户调研，给予更大的包容，才能汇总不同的声音，考虑问题才能相对全面。

此外，使用设计辅助工具，建立设计原型，采用可视化平台，调节产品经理、系统设计师、界面设计师与开发人员之间的平衡，便于多方理解，实现多成员协作管理。在设计过程中不断寻找问题，积累经验，才能推出更贴合设计服务的平台。

最后，平台在表达上一定是简单的，这样才更容易被用户认可和接受，而复杂、抽象、各式各样的形态，交由设计师在平台上展示出来。做平台就是搭建舞台，更多的空间留给设计师去创作，去表达，去传递。

3. 青年设计 100 创新平台

【项目背景】

每年，我国艺术院校有大量毕业生的毕业作品问世。以往学生缺乏版权保护的概念，有些学生的毕业设计作品会被社会上的企业、商家以很便宜的价格买断。因为学生作品要转化往往需要供应端的材料、成本、工艺优化以及一些深化设计的辅导，所以青年设计 100 创新平台应运而生，致力于打造青年设计师创新创业生态圈。

【项目特色】

青年设计 100 创新平台成立于 2019 年，下设全球毕业季计划、青年设计师培养计划、设计创意平台等。它以高校为基础和纽带，汇聚国内外一批重要艺术设计院校的导师及各领域的专家。通过导师推荐、专家筛选、公众评议、市场检验等多重方式，挖掘思想活跃、理念超前、学术扎实、具备潜力的青年设计师。同时，青年设计 100 创新平台还着眼于青年设计师的核心训练与创新成长，以展览、大赛、工作营（图 5-35）、创新商业实践等形式，搭建人文、艺术、科学的跨学科创智设计生态与内生经济系统。

图 5-35　青年设计 100 创新平台举办工作营

【项目成果】

青年设计 100 创新平台以当下先进的学科视野、学术眼界和市场经验为导向，通过发起、策划、组织各类展览、沙龙、论坛等活动，研讨创新创意，组合链接优质创意设计资源，将当下最具创意活力的优秀青年设计能量导入市场与社会，同时综合运作多层次资源，促进各方共赢进步。（图 5-36）

图 5-36　青年设计 100 创新平台项目辅导成果

自 2019 年成立以来，青年设计 100 创新平台已经举办了 21 场次的论坛、展览、设计大赛活动，与全球 60 所艺术院校建立合作关系，聘任 97 位提名导师，累计提名优秀青年设计师 486 位。设计作品囊括视觉传达设计、环境设计、产品设计、服装与服饰设计、包装设计等专业门类。

【项目难点与解决方案】

青年设计 100 创新平台可以说是北京艺术毕业季的延续和升级。一般来说，学生的毕业设计很难注册商标、申请专利保护，或者直接转化。而我们平台是不收取学生任何费用的，给他们组织展览、给他们做推广，这些运营成本，我们需要自己想办法，从各个地方去寻找机会。

为此，我们首先有一个作品登记，相当于是一种委托，帮他们做知识产权的申请；然后利用在佛山的小型基地，对接厂家、供应端，帮助学生进行一些毕业设计作品的打样，不仅从整体上降低成本，支持学生的创作，而且厂家或品牌，也可以在我们的平台上，和学生进行版权交易。同时，我们也帮助学生将设计作品转化成商品，当面向社会产生商业效益之后，学生会收到回报，再反馈给我们，所以我们相当于是中介，也是孵化团队。

【项目经验】

其实企业也在转型，需要原创、不断出新，但它们的自主创新能力可能有限，所以最终以平台的形式来促成资源的联结，帮助学生进行作品的推广宣传、版权保护和商业转化，整合资源，才能维持项目的长久运作。

4. 小鸡小藻虾青素鸡蛋

【项目背景】

凭借"互联网 + 金融 + 科技 + 农业"的经营模式，广东华敏健康科技有限公司以章真博士为首的专业科研团队，借助生物科技开发出富含虾青素的鸡蛋产品。通过与各地优质养鸡场合作，生产出可溯源、健康绿色的护眼鸡蛋。

【项目成果】

针对需要预防视力问题的青少年群体，利用互联网营销和传播，以大数据和精准流量为抓手，打造小鸡小藻虾青素品牌，产生了良好的经济效益与社会效益，如图 5-37 所示。

图 5-37　小鸡小藻虾青素鸡蛋

5. 无限旋转创意围棋

【项目背景】

参加一个围棋的主题展览，根据儿童对移动物体和颜色的偏爱，将移动行为与围棋结合起来，由此创作出一种更具游戏性质的围棋。

【项目特色】

这是一个集成的结构模块，具备可携带的便捷性。对弈双方通过往下按动球体，旋转球面，实现颜色的翻转，以此完成围棋过程中的落子动作，如图5-38所示。

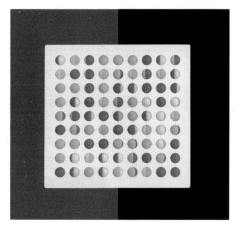

图5-38　无限旋转创意围棋

【项目成果】

每个球体被分成三个部分三种颜色，蓝色与橙色代表对弈双方。撞色搭配更为时尚现代，也增加了视觉吸引力。白色与底面同色，用来代表空白，是尚未落子的状态。球体本身并不是光滑的，每个颜色有凹槽卡点。球下有弹簧结构支撑，由此顶住球体，固定盘面状态，不会随意变动，不容易出现作弊问题。由于旋转球体需要一点点力道，且球体可以无限旋转，如图5-39。因此产品目前又延伸出解压功能，颇受年轻人欢迎。

图5-39　无限旋转创意围棋玩法展示

【项目难点与解决方案】

这个项目需要比较精细的结构，大概经历了三次实验。原本这个球是一体成型的，但是因为很多技术性的问题实现不了，所以把球体拆成了三份，而一个完整的球体要分成三等份还是比较难的。另外还存在一个问题，就是球会磨损。如果采用成品球，表面镀颜色，那么时间一长，颜色会磨掉，露出底色。后来这个球是开模形成的，三个不同的部分都是匀质的颜色，不管怎么磨，都还是材料原来的颜色。另外，这个产品对加工的精细度要求很高，基本上球和相当于棋盘的底面之间有 0.5~1 毫米的间隙，这样球才不会摩擦。而用普通的树脂或塑料是很难做到的，所以最终选用了一种人造石材料。它具有一定的硬度，也没有那么重，加工精度可以达到很细的级别。

【项目经验分享】

做文创产品需要一些更有意思的反常规性设计。比如做围棋，如果只是把棋子做得好看，或者把棋盘做成可便携式的，那在跟人交互的方面可能就没那么有意思了，从商业逻辑上来说，就不具有吸引力了。在文创设计中，产品的创意性优先于美观性。

第二节　粤港澳大湾区设计企业机构访谈

为进一步深化设计力的研究，围绕设计力、大湾区设计产业发展，本课题组进行了一系列问题的访谈，经过整理，问答精华内容如下。

问题一：如何理解设计力？

珠海华发建筑设计咨询有限公司：设计力就是根据理论基础和实例条件，计算出实现实例的方法，并运用图纸或语言文字的方式表达出来。

猫瞳建筑空间可视化工作室： 设计力可以被理解为垂直领域之下的深度设计能力和横向领域下的广度设计能力的集合，它既有深度又有广度。设计力也可以理解为一种通过自身设计思考和实践，让城市与社会发展得更加美好的一种软影响力。

珠海市华科智能辅具科学研究院： 我认为设计力能够实现产品从结构到功能的优化，从而提升产品价值与体验感。

鲁迅美术学院中英数字媒体（数字媒体）艺术学院： 设计力即沟通力，这是以探索需要为出发点，创造符合其需要的解决方案。区别于传统解决问题的路径，这是面向未来的设计思考力。只有在对这个问题有更深入的理解后，才能着手解决问题。当我们最终确定了问题与针对群体，开始寻找解决办法时，应该运用设计思维去探索各种可能性的变化，以及思考这个答案对未来生活的影响，最后再确定一个最优的方案。同时，这个过程要与用户保持持续性沟通，不断测试，验证与改进，所以设计力贯穿整个设计过程中。

广州金闪熹灯饰有限公司： 设计力非常重要，它针对各种用户需求，起到解决问题的作用。设计力使产品价值提升，创造更好的用户体验。不断提高设计力，能够改善人们的生活品质，提升生活幸福感。

建轩服装有限公司： 设计力也是创新力，在设计过程中，除了对品牌本身基因的传承外，不断创新也是品牌发展的前进要义。

例外服饰有限公司： 设计力是时尚品牌的核心驱动力，是源于品牌内部自我生长出的设计力量，推动着品牌不断发展。

珠海市上合式设计有限公司：设计力就是荷尔蒙。

南京佗道医疗科技有限公司：设计力是产业跃升及蜕变的积极因素。设计力既是设计师和机构的设计能力，也是通过设计帮助企业完成产品升级的服务能力，还是与行业共建，深度挖掘制约动因及用户诉求背后的真实需求，并通过设计思维提升行业竞争力的咨询服务能力；以及从宏观到微观，设计方案的执行能力。所以设计力代表了一种创新的思考方式、优秀的调研与设计落地能力以及对区域内各行业赋能的公共服务能力，是更广泛的设计、商业及加工资源的对接能力。

广东科学技术职业学院艺术设计学院：设计是一种创造性行为，当设计形成一种力量之后，就会融入头脑中，转化为一种设计思维。

广东伟邦科技股份有限公司：设计力就是通过设计去更好地传递产品信息，让人们更好的理解产品，使用产品。

珠海派诺科技股份有限公司：设计力就是一种把客户需求转化为产品的能力。

广科艺术设计学院机甲天下实训中心：设计力是设计师的名片，而大湾区设计力是粤港澳大湾区一张闪亮的"设计名片"。

珠海格力电器股份有限公司：设计是一个综合学科，每个人理解设计力的切入点是不一样的。设计力是从无到有，或者从已有事物中重新做出调整、改善，从而得到新的事物及其展示方式的一种能力，一种明确的实操方法。

设计力是以某一点为基础,去发现问题,依据文化方式与方法开展设计与实践,并且广泛应用于生活与工作之中的能力,是一种带来积极意义的信念体系。

清华大学美术学院（王浩阳）： 设计力是一种设计精神，并不只是创造一种好看的形式，或者一项特别厉害的技术。它是在设计中注入某种精神力量，不是物质力，是精神力。最基础的第一层，是我们所谓的设计能力，就是创造美或者创造使用价值的这种能力。第二层就是产品本身或者是设计本身，能给大众带来某种力量，可能是鼓舞，可能是开心，也可能是另一种价值，这是设计力的一个重点。

问题二：设计力对企业的作用和意义?

珠海华发建筑设计咨询有限公司: 设计力能够对内赢得员工的认同感、归属感，加强企业凝聚力，对外树立企业的整体形象，整合资源，有控制地将企业的信息传达给受众，通过视觉符码，不断强化受众的意识，从而获得认同。所以说，设计力增强，提高了企业的竞争力和创新能力。

猫瞳建筑空间可视化工作室： 设计力对企业而言，是一种对自身各项能力的综合表现。它既体现了一个企业在自身设计领域之下设计能力的垂直强度，又能反映出企业在横向设计领域中能覆盖到的疆域面积。如果一个企业设计力足够强大，那么它就有机会通过自身的项目介入社会实践，并由此提升自身的设计影响力。

珠海市华科智能辅具科学研究院： 设计力能够提升企业的产品质量、生产效率与服务质量,提高产品市场竞争力,进而推动行业整体设计水平的发展。

鲁迅美术学院中英数字媒体（数字媒体）艺术学院：设计力能够使企业在沟通场景下，根据消费者的特点，抓住服务的痛点所在，更好地制定相应的对策，打造交易平台，构建产品及时反馈与迭代机制，有计划地实施规模化量产。在即将到来的数字时代，只有通过连续贯通的设计思维，保证用户满意度，通过构想、原型和测试的迭代交互过程，才能使企业形成以数据为中心的个性化多样设计。

建轩服装有限公司：设计力不仅体现在企业最终呈现的产品形象上，同时还体现在企业整体设计创新和产品供应链的梳理整合上。设计力能使企业在设计企划、设计研发、产品生产、终端营销等层面的整体力量发生质的改变。

例外服饰有限公司：夯实设计力能够明确企业的品牌发展愿景，提升并保持品牌价值感的持续输出。

珠海市上合式设计有限公司：设计力能激发企业潜在生命力，并帮助企业散发出属于自己的独特魅力，产生企业自带的吸引力。

南京佗道医疗科技有限公司：公共服务型机构的设计力，可以有效地帮助企业以合理的投入获取高价值的设计服务，同时也可利用该机构的网络与平台，获取更广泛的设计、商业、加工等全方位的资源对接。而企业自有的设计力，能通过创新思维的打造与引入，让设计超脱于外观设计或功能设计本身，以创新思维来思考企业或产品面临的新老问题，以革新的解决办法提供另一种角度和思路。通过设计师的共情能力，更好地帮助产品团队理解用户及其使用场景，丰富产品功能，帮助企业完善整个品牌的构架及认知体验，最终提升产品、品牌乃至企业在市场竞争中的优势地位。

广东科学技术职业学院艺术设计学院：设计力能深化大众对设计重要性的认识，大湾区举办了很多场关于设计力的讲座，让企业和大湾区人民意识到设计的力量，也让企业决策者意识到设计的重要性。

广东伟邦科技股份有限公司：设计力对企业是一种助力，除了能引导产品更好的销售，同时也能让人们对企业建立起强大的关联意识，提高产品附加值，使企业形成良好的品牌效应。

珠海派诺科技股份有限公司：具有设计力的好企业能够快速占领市场，快速把握住客户的需求。

广科艺术设计学院机甲天下实训中心：设计力能推进企业与城市发展的融合，以及创意企业与其他类型企业的联动，让企业获得更多的合作发展机会。

珠海格力电器股份有限公司：对于设计力的理解，一方面体现在企业的指导思想上，一方面体现在实际的应用中。设计力对于企业的定位、发展与成长具有积极意义。从以人为本出发，设计力也是对企业、对客户、对员工的一种理解力，只有将事物与问题理解清晰才能着手进行设计。随着市场竞争的加剧和技术的不断进步，长久以来以产品为导向的战略，需要向以解决方案和客户服务为导向转变。

清华大学美术学院（王浩阳）：设计对企业的作用是比较主导性的，设计的强弱关系到项目的质量。从前期到后期，完全是两种不同的结果导向，包括公司整体未来发展的一个趋势，这是设计力影响最深的部分。设计在企业中的定位是不一样的，这会影响公司朝不同方向发展。

问题三：企业如何发挥设计力？提升设计力？

珠海华发建筑设计咨询有限公司： ① 多到外面看看市场，看的东西多了，可以增加想象力；② 多做，增加动手能力，设计中想象的成分会多一些，如果能投入实际，增加动手能力，与实际结合起来，达到的效果会更强；③ 扩张思维，从一个中心点扩大到它能涉及的附属产品，然后，再对此进一步扩大和细化，就像细胞一个接一个连接起来，变成一个巨大的球体，最后再修掉多余的部分，这样的产品会更加完善。

猫瞳建筑空间可视化工作室： 纵观设计力的两个维度，要实现设计力的提升，一方面是在自身领域不断投入时间和精力，钻研深耕打磨，把自己最擅长的设计领域做精做细，实现以点带线的突破；另一方面是把设计领域逐渐横向延伸，逐渐开拓企业视野，拓展自身设计能力的疆域范围。

珠海市华科智能辅具科学研究院： 首先要有前瞻意识，在前期规划时要重视设计环节,将设计与市场调性、服务标准化、产品标准、团队标准结合起来。

鲁迅美术学院中英数字媒体（数字媒体）艺术学院： 可以参考哈索·普拉特纳软件研究所的六步骤模型，当今企业需要进行理解、观察、定义视角、构思、原型、测试。首先，精准投放，分析真实用户在真实场景下的行为，将其与特定的任务联系起来；其次，建立新认知和有效沟通，通过可视化，3D 建模、图形手绘等，评估并优化原型；最后通过新概念的实践，深层次地挖掘产品自身的文化内涵，以迭代的方式定制生产、销售服务。

广州金闪熹灯饰有限公司： 不断提高设计水平，让产品的价值更高，然后为企业创造更多的效益，包括经济效益和社会效益。学习尤其重要，需要多向国内外优秀的企业学习。

例外服饰有限公司：提升行业设计力需要注重年轻设计师的培养，搭建服务设计师的一体化平台。

珠海市上合式设计有限公司：企业应该建立品牌部，与专业设计公司深度合作，并给予恰当的创作空间，相信专业，尊重专业，不然再顶级的设计团队，在传统企业的非英明决策下，都只能输出无用的设计力。

南京佗道医疗科技有限公司：① 引入具备创新思维能力的设计人员，让设计不仅是外观或功能设计，而是能够参与决策过程，发挥设计思维的作用，最终成为引领和规划产品及公司发展的重要因素；② 体验为王，需求为先，以实现价值为目的，打造以价值为基础，以需求为前提，全领域的产品体验。一个品牌要深入人心，就不能拘泥于商品本身，要用更完备的顾客体验推动产品的商业成功。体验为王的时代，走心才能打动人心，让产品对消费中的吸引始于颜值，终于体验。

互联网经济外延的扩展已经深远地影响了制造业、生产活动及消费者的认知及购买行为，今天，所有的产品高度同质化，最后胜出的决定性要素就是产品的整体用户体验。如果产品、服务或者体验做得好，超出了消费者的预期，他们就会乐意分享自己与该产品的故事，为产品创造口碑及流量，营造品牌。

用户体验至上，以商品、服务为载体，使消费者获得充分满足，从而愿意为这样的体验付费并分享。好的用户体验应该从细节开始，并贯穿于研发、制造、包装、营销、购买、售后等全流程。要让用户有所感知，并且这种感知要超出用户预期，给用户带来惊喜，这一点贯穿于品牌与消费者沟通的整个链条中。

广东科学技术职业学院艺术设计学院：企业需要从很多方面发挥设计力，最根本的就是从产品本身出发，利用企业自身品牌的影响力，把设计推广出去。提升设计力是一个漫长的过程，需要企业懂得设计管理，知道自己的短板，知道如何提升自己的产品竞争力，这是一个系统的工程。

广东伟邦科技股份有限公司：在开发新产品，或对原有产品升级改造的过程中，设计应该在项目前期同时介入，在项目过程中与各方一同协调修正。

珠海派诺科技股份有限公司：应该多了解市场，培养团队对客户的理解能力。

广科艺术设计学院机甲天下实训中心：企业需要更多具体可行的项目，以项目来推进新设计的产生和企业自身设计水平的进步。

珠海格力电器股份有限公司：① 拥抱市场。深入市场一线，了解业务全流程，获取痛点，定位核心需求，结合企业优势，通过专业能力提供整体解决方案。② 多维度思考展示。客户有时候并不能真正地表达出自己的需求点，也许只是一个抽象概念。如果设计师对客户的需求描述，理解得比较模糊，就会产生很多无效沟通。所以在为客户提供设计时，应该尽可能从多维度思考和展示解决方案。③ 善用辅助工具。适当使用用户体验地图——包括清晰的服务架构、主要目标、规划路线、思维导图、解决方案及服务流程。采用数字化形式对客户进行展示，让客户了解整个服务流程、设计师的设计能力、人员配合流程、关键点、创新点、并消除用户的疑问与误会。

清华大学美术学院（王浩阳）： 设计力决定了企业能走多远。对于个人，设计力的天赋不同，重点是提升自身的共情能力。对于企业，则要看创始人，创始人很强，便能吸引融资，进而吸引更优秀的人，后面是商业运作，要做好商业架构和商业模式。商业上要想提升设计力，还是要看融资。

问题四：大湾区设计有什么整体特点和优势？哪些设计领域是大湾区的强项？

珠海华发建筑设计咨询有限公司： 大湾区对外开放程度高，在全国处于领先地位，在亚太地区也是居于前列的。大湾区的生产要素和产业集群具有相当强大的国际竞争力，所以设计上具有国际性和创新性。创意设计在产业、文化、生产和创新中表现比较突出。

猫瞳建筑空间可视化工作室： 大湾区设计的优势在于拥有良好的交流平台与论坛，有诸多对外交流的边界窗口。频繁密切的设计论坛、竞赛和设计周让各领域的设计师得以聚集一堂，分享交流。积极对外的国际窗口也让大湾区的设计具备国际化的发展视野，可以非常便捷、快速地与国际设计进行密切的交流与分享，边界可以延伸得更加广阔。再结合澳门香港的设计力量，可以形成互补的交流发展优势，互相借鉴汲取经验。相信未来大湾区设计力量在国际上会有越来越大的发展潜力和影响力。

受益于大湾区建设规划的需要，众多设计事务所参与到大湾区的片区规划与设计实践中。因此，感觉建筑景观设计领域会逐渐变成大湾区的强项，相信在未来的日子里，会有越来越多优质并具有设计影响力的建筑和景观营造在大湾区不断涌现，并引领未来大湾区建筑设计发展的趋势。

珠海市华科智能辅具科学研究院：工业设计是大湾区的强项，其整体特点和优势是更符合市场化。大湾区和市场接轨更密切，产业供应链高效且形成闭环。相比北方，在产品落地方面，大湾区能够实现从图纸到首版的高效完成。

鲁迅美术学院中英数字媒体（数字媒体）艺术学院：大湾区的地理位置是由不同历史阶段形成的，是具有独特性及差异化的城市群，也是目前全球发展最快、经济最发达的地区之一。这片充满活力的世界级城市群中具有全球影响力的是国际科技创新中心，为内地与港澳的深度合作提供了建设性桥梁。

由于在世界范围内，以生活发展为核心课题的研究中心正在不断涌现，创新基因根植的大湾区，既可以是先锋设计实践的执行空间，也可以是国际学术交流的平台。特别是在融汇交流的趋势下，可以将产品的创新性、实用价值及审美提升到一个新的高度。

在粤港澳大湾区国际发展论坛、国际设计潮流趋势等亮点活动中，能够感受到大湾区对地产人居、生活方式、设计科学、文创旅游四大板块的重点关注。为我国制造业、设计领域提供了展示、交流、交易的平台，打造出一场场国际化、专业化的品牌盛会。

南京佗道医疗科技有限公司：大湾区涉及产业的优势和特点，如下。① 具备良好的设计与转化能力，有稳固而强大的产业基础。② 大湾区处在产业转型的最前沿。在全国最先开展产业转型尝试，设计的领域也是最广泛的。目前，大湾区的设计已经摆脱了简单的外观设计或界面设计，而是向着成体系、全价值链的方向发展。区域内的企业和设计公司，其设计观念也在改变，会有意识地加强设计在产品开发中的重要性，或加大对该领域的资源投入。同时，也看到区域内其他新兴设计领域的蓬勃发展，文创产品、服务设计、设计咨询、战略咨询等都伴随着整个区域的转型发展而兴盛，同时也从侧面支撑了区域内企业及产业的转型。③ 处在政策的最前沿。政策上敢为人先，在全国率先为"工业设计师"设立专业职称，重新界定了工业设计的内涵和外延，有效地提升了设计师的主观能动性、积极性与创造性。④ 处在资源的最前沿。大湾区的区位优势，让区内的企业及人才更容易进行国际交流，在不同文化及设计理念的碰撞下，更容易产生设计创新。同时，也有利于引入先进的设计理论成果，进行前瞻性的实践尝试。

从具体的设计领域来看，大湾区历来就是制造业重镇，也是产品设计重镇，尤其在家电产品、家居产品、科技产品等领域具有很强的竞争力，知名设计公司数量众多，也具备深厚的工业设计人才积淀。在交互设计、体验设计、UI 设计等新兴领域，大湾区也走在前列。

广州金闪熹灯饰有限公司：大湾区的强项和优势是人才，设计人才多，而且设计人才的技术创业创新能力都比较强，综合能力也比较突出，能够紧跟世界的步伐，在很多行业都有很强的实力，例如工业设计、产品设计、建筑设计、装饰装潢、艺术设计、平面设计、服装设计。

珠海市上合式设计有限公司：大湾区设计的整体特点是"新"。这与大湾区有比较多的互联网品牌有关系，大家会在解决项目目标之外，留出更多的创作空间，多一点"新"的尝试。这种小跨度的创新，也许就能引发蝴蝶效应。

建轩服装有限公司：大湾区在时尚设计产业、高科技设计产业表现更为突出。

例外服饰有限公司：大湾区的设计特点和强项，是依托供应链的生产制造优势，较其他地区更具包容性，更关注文化的在地性。

广东科学技术职业学院艺术设计学院：大湾区的特点很鲜明，包容性很强，来了就是湾区人，对于外来务工者，这里是一个创业和做设计的新天地。对比其他地区，大湾区在经济体量和产业结构方面拥有巨大的优势，香港和澳门的融入，对于大湾区来说，也是一件非常好的事情。从具体的设计领域来看，工业设计、交互设计、服装设计是强项。工业设计的相关企业主要集中在佛山、东莞、中山，互联网企业则集中在深圳和广州，服装设计相关企业大量在广州。

广东伟邦科技股份有限公司：大湾区的设计强项是中小家电的产品设计，其优势在于整合了粤港澳三方资源，港澳较为前沿的设计理念可以融合到珠三角的制造业中。多方的设计理念相互碰撞，推动设计更好地融入不同产业。

广科艺术设计学院机甲天下实训中心：工业设计领域是大湾区的强项，尤其是电子消费品及小家电的设计。香港在建筑设计和服装设计方面享有一定的国际声誉。而深圳作为"设计之都"，已经明确了"以设计推动制造型经济向创意服务型经济转变"的战略发展目标。香港和深圳在设计领域强强联合、优势互补，而珠江口西岸的澳门和珠海也有广阔的发展空间。

珠海格力电器股份有限公司：工业设计是大湾区的强项。其他设计领域也很强，但是工业设计更为可圈可点。因为珠三角地区在工业和轻工业方面一直是全国重要的生产地和输出地，在全国轻工业产业链中，是最完善的集群地。现阶段正值产业结构升级时期，对于工业设计的要求还会不断提高。所以设计创新，任重道远，但是非常有前途。

从发展优势来看，一方面是政策支持。粤港澳大湾区作为国家战略，当下正处于上升阶段，拥有较大的发展空间和潜力。相关政策的支持对设计的发展有很大帮助，如住房政策解决了人才输入问题，企业扶持政策解决了年轻人创业问题，知识产权保护政策解决了作品版权纠纷问题，创新成果政策激发了设计创新。另一方面是经济基础。大湾区城市本身就拥有深厚的工商业基础和贸易根底，随着互联互通，特别是资金的自由流通，未来会进一步提升城市经济实力。而在文化层面，大湾区具有非常强的包容性，不同文化在此交流碰撞，不断创新。现在每个城市都在打造创意园，形式丰富多样，涉及饮食、影视、动漫、艺术、网络等多个方面。文化创意可以说是各行各业的衍生与延伸，不是被动的设计，而是根植于行业生长出来的。大湾区的行业丰富，土壤肥沃，这是设计创造最大的优势。

青年设计 100：大湾区的整体特点就是快，高效。其实珠海在这里，相对算慢的，它是花园城市，宜居城市，不像广深那种快节奏。这方面还是深圳最典型，深圳的快是敢于尝试，从政府到院校，从民间到社会，这种快节奏对于想做事的人来说，可能不适合居住，但是非常适合工作。从政府的响应速度，到商业的运转，包括院校的成果转化实施速度都很快。

另一个特点就是创作空间大，政府也愿意投入，比如深圳地铁去年在公共艺术方面，差不多花了 1.4 亿元。其他城市可能都无法像深圳这样，去做一些更前沿的，以系统性方式来思考的设计。通过公共艺术，使地铁成为一个流动的博物馆或者艺术馆。像深圳这样的情况，设计师可以从一个更高的视点去审视问题，不是单站点的创作，发挥的空间很大，视野非常开放。

清华大学美术学院（王浩阳）： 大湾区在各个设计领域都比较强，尤其是产品设计，有科技含量的产品设计，非常强。作为得风气之先的开放口岸，大湾区拥有广泛的活力，开放性、包容度都比较高，能够接受一些非常新鲜的想法，所以在结构、观念方面更先进一些。而且从设计的概念，技术的加工，再到一些细节的把控，商业上的逻辑，都比较完整全面。

可以说，大湾区就是一种兼容并蓄的状态，接触面比较广，接纳度比较高，在吸收外来的，或者一些国际化的概念、技术方面，既能跟国际接轨，又能在转化过程中融入中国本土特色。此外，从生活的角度来说，工资高也是一个优势；而且生活品质、交通出行、娱乐休闲都比较好，所以能够吸引人才。

问题五：当下设计行业面临哪些变革、机遇和挑战？

珠海华发建筑设计咨询有限公司： 建筑设计行业，在近四十年的时间跨度里，也遇到了前所未有的生存环境变化与挑战：设计机构由计划经济体制下的一个管理环节，转化成一个必须在市场经济体制下自我谋生的服务业机构，行业的地位发生了颠覆性的变化；设计工作的内涵与外延，也因内外因素条件的改变而相应地变化着。为适应行业环境快速且剧烈变化的局面，行业的全体从业者（设计师和设计机构的运营者）一直在努力地看清形势走向，同时也着手多方调整既有的业务架构，以适应服务对象需求的改变，由此可能产生新的服务门类与模式，开拓新的生存空间。

猫瞳建筑空间可视化工作室： 随着 21 世纪以来互联网的飞速发展，

设计行业各个领域之间的信息交流变得愈加频繁密切，各板块相互间的壁垒正在逐渐被打破，领域之间的跨界设计趋势也在不断迭代更新并产生各种反响。跨边界、多元发展已是如今设计行业的发展新趋势。设计师们不再固守于单一领域的设计实践，而是开拓边界，进行更广阔深远的尝试。

　　除此以外，设计产业技术的快速更新升级也带来了新的设计路线。科技变革令设计师可以尝试用新的技术手段来高效实现以往复杂的设计过程，实现设计概念上的突破。这些变革对当下设计各行业的能力，都是一场考验，要求设计师具有不断汲取新技术，投入实际使用的学习力和执行力，同时也在考验着设计师对于各行业学科发展的嗅觉灵敏度。

珠海市华科智能辅具科学研究院： 疫情之下催生出很多新的产品，让行业内的挑战与机遇共存。这样的大环境会对产品提出更多元的需求，比如产品需要更适应当下的生活方式，要有更丰富的产品性能。

鲁迅美术学院中英数字媒体（数字媒体）艺术学院： 更多新奇的产品不断涌现，通过现代媒介的高速传导呈现在消费者群体的面前。产品行业正面临着一个令人忧虑的现象，即产品生命周期越来越短，但并不是因为产品丧失了原有的功能，而是使用者有了更新、更流行的选择，至此造成数量越来越多的废弃消费品。随着公众环保意识的提高，迫使设计者重新思考一个基本的问题，如何通过数字时代变革，为构建未来可持续性的自然环境而设计。这种压力首先对产品设计产生冲击，成为设计者即将面临的新挑战，设计者急需寻找新的设计方法来应对。因此，未来设计不能仅仅考虑功能、美学以及市场等方面的需求，还必须考虑环境的因素。

建轩服装有限公司： 当下设计行业面临全球经济社会瞬息万变的发展，

更碎片化的资讯需要我们时刻保持关注,根据新一代的审美需求主动去发展。

珠海市上合式设计有限公司: 不可忽视的元宇宙,是科技与视觉的强度升级。

南京佗道医疗科技有限公司: ① 如何更好地讲述中国故事,将中国的文化、哲学、技艺融入产品设计中。中国拥有潜力巨大的市场,强大的生产及变现能力,同时拥有深厚的文化及技艺积淀。因此,中国的设计师要利用这些优势,去看,去发现,去思考,学会运用自己的设计语言,成就设计师个人的发展、产品的迭代、公司及品牌的跃升,体现可持续的价值、情感与文化的传承。② 要将思考融入设计中。一方面,激烈的市场竞争不断压缩设计时间与成本,另一方面设计师被要求创新和进取,提升美学以及功能性来应对激烈的竞争。在这种矛盾下,设计师很难抉择或者坚守自我的深刻思考。但是,深刻的思考与分析是创新的前提,而学会独立思考的设计师,也会在产品开发以及企业运营中发挥更大的作用。③ 参与社会发展和企业发展,发挥设计思维的作用,最终成为引领和规划产品及公司发展的重要因素。互联网行业重视体验及创新,需要高频的迭代产品,不断寻找新的产品以寻求业务增长点。互联网行业是将设计作为产品、服务开发,甚至企业发展及决策的先行者,国内也有部分制造业企业开始引入设计的力量,从简单的外观及平面设计,到引入具备设计思维的复合型设计人才,借助发散性思维与创新管理方式,为团队决策带来全新的观点及视角。不仅可以通过设计师的共情能力更好地帮助产品团队理解用户及其使用场景、完善产品定义及丰富产品功能,也可以帮助企业改善整个品牌的构架及认知体验,最终提升产品、品牌,甚至企业在市场竞争中的优势地位。

广东科学技术职业学院艺术设计学院: 现在仅仅设计出一款好看的产

品是不够的，对于设计师来说，需要学习很多跨学科的知识，把自己培养成 T 型人才。机遇与挑战并存，谁能抓住互联网的机会，谁就能变成这个时代的领航者。

广东伟邦科技股份有限公司：科技发展迅速，设计需要融合前沿科技，如 AI 人工智能、3D 打印等新型技术，如果能把握时机做好融合，相信设计行业会有很大提升。

珠海派诺科技股份有限公司：客户需求的多样化，市场的高频次变化，这些都是设计行业的机遇和挑战。

广科艺术设计学院机甲天下实训中心：国民整体的素质提高，对于美的鉴赏和需要也在不断上升。

珠海格力电器股份有限公司：① 变革。设计观念需要做出一定的调整，从追求短平快调整到可持续发展。② 机遇。可以建立、完善文化创意产业链，进一步激发文化创作和城市集群的发展。不同城市有不同的文化特点，都会将本土文化与国际文化进行交融，两者的碰撞有利于文化创作，推动文创产业与国际接轨，推动本土文化走向国际。③ 挑战。文化产业离不开商业，但是被商业过度捆绑，就会变味。在发展过程中，难免会产生一些文化糟粕，对文创产业的发展带来不良的影响，这是必须面对的挑战。

清华大学美术学院（王浩阳）：变革就是会出现很多综合性的工作。以前的社会分工是精细化的，大家各司其职，未来就是一些考验综合实力的工作，一种集合式的工作方式。

问题六：大湾区要加强设计力，应对挑战，需要在哪些方面提升、改进？

珠海华发建筑设计咨询有限公司：① 在商科和理工专业的学生中培养设计意识。针对未来的企业领导者，提升设计意识、扩充视觉化相关知识和用户权益方面的知识、培养创造力，可以说，从事设计教育的人在这方面大有可为。创新和企业家精神已经根植于他们之中，但是要正确引导他们，尊重设计师。将这些人内在的设计潜力开发出来，他们便能够更加有效地与设计师沟通，并站在设计师的角度思考问题。② 培养设计专业学生的工商管理意识。要想参与到新型的业务环境中，设计专业的学生需要熟知各个层面的业务语言和方法。不管参与的活动或工作具体是什么，对设计专业的学生来说，集中倾听和研究创意工作中通常会有的闲言碎语和业内消息是非常有必要的。③ 开发研究技能。产品开发的前端是用户需求研究，新材料和新技术研究，现有产品和未来市场研究。所有设计活动都包括研究过程，但这些过程还需要扩展和提升，特别是那些关系到用户需求理解的过程，尤其如此。学术上的榜样和科学典范对于设计师来说可能价值有限，需要把注意力集中在那些便于设计师们理解和接纳的方法上。④ 开发创造力。这是所有设计课程的主干，但我们倾向于集中精力开发个人的创造力，而不是开发人们以创造性的方式与他人协同合作的能力，应该让其他设计师、协作者或产品用户开发他们的创造力或集体协作能力。

猫瞳建筑空间可视化工作室：需要大湾区调动设计行业的协同合作，可以在跨行业交流方面有更好的提升。一方面给设计师提供更多一起交流思想的行业论坛、讲座，另一方面通过艺术公共沙龙的形式与公众一起探讨大湾区设计，让公众更好地了解当下大湾区设计行业的发展与成果，聚集行业专业人士和公众一起，讨论大湾区设计话题和公共热点事件，以更好地传播大湾区的设计影响力。

珠海市华科智能辅具科学研究院： 希望政府给予更多的支持，比如给予行业更多的主流渠道所承认的职称评定，让职业前景更加明朗化。这样能够更好地留住人才，也会给行业中的工作人员更多正向积极的引导。

鲁迅美术学院中英数字媒体（数字媒体）艺术学院： 主要是提升城市生活发展建设水平。首先，从人文地理来看，珠三角地区依然承担着重要的国家功能，所以提升国际平台与接口是重点，可以利用广阔的市场与发展空间，支撑社会经济持续稳定发展。其次，为港澳发展注入新动能，需要加强城市间合作，确立大湾区以科技创新为未来发展的核心动力，以大湾区经济为载体，推动区域经济协同发展。最后，设计者需要深层次地挖掘自身的文化内涵，通过创新的表现形式，为我们的未来生活构建更真实的价值与影响。

广州金闪熹灯饰有限公司： 希望政府和行业协会多举办线上线下的活动与设计的赛事、展览，让更多行业内的人参与其中。给大家提供交流的机会与平台，形成良性竞争，引导从业者多去学习，提升专业技能水平。

例外服饰有限公司： 在服务青年设计师方面，可以为他们搭建更多的类似"大湾区设计力"这样的平台，将大湾区的优质供应链资源、企业资源引入设计中，从而获取更多的时尚资源与交流机会，让更多的跨界企业参与其中。

珠海市上合式设计有限公司： 大胆选用年轻且专业的设计团队来合

作，简化商务因素的考虑，以"设计能力"为标准。

南京伦道医疗科技有限公司：作为中国工业设计的创新桥头堡，可以更好地吸引全球各地的顶尖设计机构及业内知名人士，共同探讨行业发展趋势，将设计成果、理论及研究成果引入国内，并辐射大湾区以外的其他区域，带动国内相关理论及实践的整体进步。更多地将国外院校及机构对于设计方法论、多学科共建、产业创新及设计思维的先进研究成果引入国内，并通过项目落地来让更多的人参与其中，在实践中掌握理论知识。

广东科学技术职业学院艺术设计学院：从传统文化来看，相对而言，长三角地区的历史底蕴要比大湾区深厚，所以大湾区应该挖掘本土文化，培养基于本土文化的文创品牌，利用品牌的力量来推广产品。另外，要挖掘每个城市的文化特色，不要到哪个城市都是海滨城市。海是大湾区的底色，不应该变成每个城市的宣传主核。要挖掘城市文化底蕴，制造区域特色与城市的差异性。

广东伟邦科技股份有限公司：可以设立一些交流社区或空间，在设计周之外，为设计从业者提供线上或线下的沟通机会，也可以建立一些定期推送资讯的公众号或网站，形成资讯垂向发布体系。

珠海派诺科技股份有限公司：提供海内外顶尖设计师的交流平台，如论坛等。

广科艺术设计学院机甲天下实训中心：要进一步推进城市设计力量之间的融合，其中广深设计产业力量的融合尤为重要。

珠海格力有限公司： ① 重视设计人才，以及科研队伍和科研机构的设立；② 打造良好的文化氛围和基础文化设施；③ 加大知识产权保护，简化申报流程；④ 打造设计平台、社群，联合大湾区设计力量，互相学习，分享经验，共同发挥各自所长；⑤ 助力本土品牌发展，推广宣传重点扶贫项目。

清华大学美术学院（王浩阳）： 应对变革，从商业上来看，第一，产业园聚集区，就是给地方，类似于孵化产业园；第二，提供技术型人才的支持，因为设计师靠一己之力很难完成大项目，很多时候需要跨专业领域人才的结合，特别是提供给一些中小企业；第三，生存之道是资金支持，这涉及一些政策。

很多时候，设计师并不是没有产品可做，而是缺少资金和资源，所以才比较小众，很难量化市场化。因为公司体量小，可能产品很好，但是没办法和大企业比。但是这种小众产品可能很受年轻人或者部分群体的喜爱，只是市场推广力度不够。其实互联网时代，信息传播的方式发生改变，一个大 V 带来的流量，可能比这个领域的传统渠道要快很多，但是设计师大都缺少这部分资源。

最好有一个类似于孵化器的机制，可以和这些中小型企业、独立设计师达成一种合作，对设计进行估值，可以是合作产权或是其他的方式。现在不缺创意，也不缺资源，缺的是好的孵化机制去整合。

所以，产业园不仅是免房租那么简单，它应该是一个孵化器，让资源与需求更好的匹配，是一个平台的概念，这才是真正的孵化扶持。现在很多中小企业、独立设计师在做产品设计开发，没有大企业那么大的研发团队，但是可以通过一款有颜值，功能性又好的产品来实现单品突破，所以需要建立一种股权机制和孵化机制，去推动创新，推广产品。

6

CHAPTER
SIX

第六章

粤港澳大湾区
设计人才综述

　　设计是典型的人才密集型行业，人才是粤港澳大湾区发展设计力的核心。为此，珠海设计周自创立伊始，持续关注大湾区的设计人才资源与发展，陆续推出粤港澳大湾区 2019 年度指标原创设计师 100 榜单，2020 珠海设计奖——"设计领袖奖""卓越设计师奖"和"设计新势力奖"。

第一节　粤港澳大湾区原创设计师综述

2021 年，"珠海设计奖 - 大湾区设计力"大奖基本延续了 2020 年的奖项设置，最终评选出 6 位设计领袖奖和 10 位卓越设计奖。同时，"设计新势力奖"在延续 2020 年的基础上，增加了"设计新势力奖 - 大湾区院校奖"的评选；最终共选出 5 名"大湾区院校奖"导师和 5 名"大湾区院校奖"优秀学生；30 名"设计新势力奖"。

一、设计领袖奖

设计领袖奖旨在遴选大湾区具有设计创新意识、能以设计赋能引领产业发展，所在企业产值具有相当规模，在业界和社会上具有较大影响力的企业设计管理者或企业家。

从评选结果来看，2021 年，"珠海设计奖 - 大湾区设计力"评选出 6 位设计领袖奖，他们的共同特征是扎根大湾区，见证大湾区设计的变迁，引领行业的发展。具体的获奖情况见表 6-1，获奖者如图 6-1 所示。

表 6-1　"珠海设计奖 - 大湾区设计力"大奖·设计领袖奖

姓名	职务
吴欢龙	珠海格力电器股份有限公司国家级工业设计中心主任
郭桂钦	珠海华发城市运营投资控股有限公司执行副总裁
汤重熹	清美工业设计策略与原型创新研究所执行所长
罗峥	深圳市时尚文化创意协会会长、 深圳东方逸尚服饰有限公司董事长兼设计创意总监
周小良	澳门设计师协会会长、MO-DESIGN 创始人及创意总监
刘丹	珠海芯烨集团董事长

图 6-1 "珠海设计奖 - 大湾区设计力"设计领袖奖获奖者

吴欢龙

吴欢龙，珠海格力电器股份有限公司国家级工业设计中心主任、中国产业100强"十佳首席设计官"，粤港澳大湾区创新设计产业联盟副理事长。

图 6-2　设计领袖奖获奖者：吴欢龙

　　吴欢龙（图 6-2），1998 年毕业于南昌大学，此后一直在珠海格力电器从事设计及设计管理工作。二十三年来深耕家电领域，任设计师期间，承担了绝大多数格力空调的经典设计，为企业取得了巨大的经济效益和市场价值。由于工作业绩出色，2004 年起担任家用空调技术部工业设计科室主任，并带领团队以行业第一款圆柱体柜机 I 系列引领了世界空调的设计趋势。2011 年，格力成立工业设计中心，他担任工业设计中心主任至今，带领团队负责格力每年数百个项目开发，专业横跨工业设计、UI（用户界面）设计、CMF 设计（色彩、材质和表面处理工艺）、体验设计等多个领域，持续拓宽设计的广度和深度。多年来，带领团队获得中国外观设计金奖、德国红点等顶尖奖项三百余项。2015 年，带领团队获得"国家级工业设计中心"认定。

图 6-3 设计领袖奖获奖者：郭桂钦

郭桂钦

郭桂钦，珠海华发城市运营投资控股有限公司执行副总裁，建筑学高级工程师，国家一级注册建筑师，2015 年珠海市青年优秀人才。

二十几年中，郭桂钦先生（图 6-3）以严谨认真的工作态度和过硬的专业能力，带领团队共同努力，成功打造了一批精品项目，有力地提升了珠海的城市形象，并斩获多个国内外设计大奖。其一丝不苟，与时俱进，不断追求卓越的设计精神，颇受业界称赞。任职以来，郭桂钦先生主要负责珠海中心、瑞吉酒店、喜来登酒店、展览中心、会议中心、珠海横琴金融中心大厦等大型、特大型、超高层项目的设计管理工作，先后斩获世界高层建筑与都市人居学会（Council on Tall Buildings and Urban Habitat，CTBUH）世界最佳高层建筑奖、德国设计奖（卓越建筑设计奖类别）特别表彰大奖、英国国家景观奖、鲁班奖、国家优质工程奖、詹天佑奖等多个国际 / 国内奖项。

十字门中央商务区会展商务组团、珠海横琴金融中心大厦等项目建成投入运营后成为珠海市新地标，极大地促进了珠海国际宜居城市建设和横琴自贸区建设，提升了珠海市作为粤西地区桥头堡和粤港澳大湾区的重要地位。2019 年郭桂钦先生带领的团队获得 2019 年广东省土木建筑学会科学技术奖一等奖；2021 年荣获珠海市自主创新促进奖。

汤重熹

汤重熹，中国工业设计协会副会长，清美工业设计策略与原型创新研究所执行所长。

图 6-4　设计领袖奖获奖者：汤重熹

　　汤重熹教授（图 6-4）为设计教育做出重要贡献，荣获新中国成立七十年中国设计 70 人荣誉称号，中国设计杰出贡献奖金质奖章；全国师德先进个人；广东省市优秀教师、模范教师、先进工作者等奖项；以及全国工业设计教育十佳等荣誉称号。

　　多年来，汤重熹教授发表论文百余篇，撰写著作十余部，主持国家社科重大项目子课题、主持完成广东省科技厅项目等十余项。他注重建设工业设计实践性教学体系与工业设计职能技能培训体系，率先提出中小企业工业设计的支持体系，将研究所从高校迁入中小企业集群地，促进广东地区设计教育的健康发展，近距离为企业服务，充分发挥高校先导作用。同时，他也长期从事设计基础研究与企业发展、工业设计与地方经济发展的研究，参与地方产业转型升级的设计实践。近年来，汤重熹教授为推进中国设计的基础研究做了大量工作，他广泛宣讲基础研究的重要性与路径方法，有效地发挥了研究的实践性与导向性，推动了近百项产品投产上市。

图 6-5　设计领袖奖获奖者：罗峥

罗峥

罗峥，深圳东方逸尚服饰有限公司董事长兼设计创意总监；深圳市时尚文化创意协会会长；深圳市政协常委；深圳市工商联副主席；中国时装设计最高奖"金顶奖"获得者；2020 年荣获光华龙腾奖"中国设计贡献奖"银质奖章。

　　自 1996 年以来，罗峥女士（图 6-5）陆续创立了"欧柏兰奴""LUO ZHENG"和"罗一花园"三个时装品牌，不仅始终坚持在创作一线，而且深耕市场，陆续在全国开设 200 多家专卖店。2003 年，罗峥女士成为第一位荣获美国"NAUTICA 创意基金白金大奖"的中国服装设计师；同年应邀赴法国在巴黎卢浮宫举行"时尚中华"时装发布会。2008 年，罗峥女士成为首位在纽约时装周举办发布会的中国设计师。二十多年来，她先后荣获一系列国内外设计奖项，申请外观设计专利近 60 项，成为中国时装设计领域的常青树。

　　作为深圳市时尚文化创意协会会长，罗峥女士持续为时尚行业奔走发声，积极促进国际合作。2015 年，罗峥女士发起百万级的"罗峥奖学金"计划，为年轻优秀的原创服装设计师提供更加实质性的扶持奖励。2016 年，意大利马兰戈尼时尚学院落户深圳，罗峥女士通过引进世界知名的时装教育机构，为中国原创设计培养更多国际化的人才。2020 年，她发起成立了深圳市慈善会·欧柏兰奴公益基金，通过社会活动践行绿色发展，承担社会责任。

周小良

周小良，澳门设计师协会会长，MO-DESIGN
创始人及创意总监，现澳门理工大学艺术
及设计学院课程咨询委员会主席。

图 6-6　设计领袖奖获奖者：周小良

　　周小良先生（图 6-6）致力于品牌策划，曾多次获得国际设计大奖，并于
2010 年成为首位获东京字体指导协会（Tokyo TDC）邀请的华人设计师，在设
计大赏担任整体视觉形象设计。近年来，周小良先生尝试将业务拓展至零售领域，
先后创立了生活创意产品店"MOD Design Store"、独立时装品牌店"C"及植
物生活选品店"The Grey Green"。创立及经营的品牌涉及产品、时装、植物、
食品、酒吧及餐厅等。作为澳门设计师协会会长，周小良先生注重澳门本地设
计人才培养，对推动澳门与内地城市的互动交流，以及珠澳设计中心的建设发
挥了重要作用。

二、卓越设计奖

在大湾区的人才结构中，卓越设计人才犹如中流砥柱，他们承上启下，是推动湾区设计跨越式发展的重要力量。

2021 珠海国际设计周"大湾区设计力"卓越设计奖旨在遴选设计师本人或所在团队，在大湾区具有引领产业发展的设计产品、设计项目、设计服务等成果。从评选结果（表 6-2）来看，获奖者都是大湾区设计的中流砥柱，他们大多活跃在设计实践和教学一线，其中既有成熟的 70 后，也有实干的 80 后，还有新锐的 90 后。他们追求卓越，在各自的领域里发挥所长，不断突破，取得了令人瞩目的成就，由此也推动了大湾区设计的跨越式发展。卓越设计奖获奖者如图 6-7 所示。

表 6-2 "珠海设计奖 - 大湾区设计力"大奖·卓越设计奖

姓名	职务
高展辉	佛山市柏飞特工业设计有限公司创始人 佛山市工业设计学会理事长
李昊宇	汕头大学教授、设计师
桂元龙	广东轻工职业技术学院艺术设计学院院长
戴加安	珠海迈科智能科技股份有限公司设计总监
唐云野	璇玑科技有限公司总体设计师
郑佳奇	珠海华发建筑设计咨询有限公司建筑设计总监
何朋	浪尖设计集团
张龄方	珠海华发景龙建设有限公司　公装设计经理
钟翔伟	珠海芯烨集团主创设计师
阮文韬	Groundwork 元新建城创始人

图 6-7 "珠海设计奖 - 大湾区设计力"卓越设计奖获奖者

图 6-8 卓越设计奖获奖者：高展辉

高展辉

高展辉，佛山市柏飞特工业设计有限公司创始人、佛山市工业设计学会理事长、工业和信息化部工业设计领军人才、国家高级工业设计师、国际商业美术设计工业产品设计特级设计师，曾荣获光华龙腾奖特别奖，新中国成立七十周年广东设计 70 人称号。

2001 年，高展辉先生（图 6-8）创立佛山市柏飞特工业设计有限公司，在此之前，他曾任美的集团工业设计中心副总经理。在他的带领下，佛山市柏飞特工业设计有限公司被评为国家高新科技企业及广东省工业设计中心。

2012 年，高展辉先生发起成立佛山市工业设计学会并出任理事长。十年间，他积极推动佛山市工业设计国际服务合作平台的建设，助力广东省"省长杯"工业设计大赛佛山分赛区和 CMF 专项赛、佛山"市长杯"工业设计大赛以及亚洲色彩论坛（第十一、十二届）等一系列活动。

多年来，高展辉先生相继获得 2013 年广东省专利奖优秀奖、德国红点国际设计奖（2016 年、2019 年）、德国 IF 国际设计奖（2017 年、2019 年、2020 年）、广东省"省长杯"工业设计大赛金奖（2020 年）、综合类专项赛一等奖和产品组银奖（2018 年）等国内外奖项。同时，他还积极探索研究本专业的新技术、新工艺，带领团队获得发明专利 1 项，实用新型专利 20 余项，外观专利 200 余项。

李昊宇

李昊宇，毕业于德国不莱梅艺术学院综合设计（人类与产品）专业，工学硕士，现任汕头大学长江艺术与设计学院产品设计专业主任、长江工业设计中心（CIDC）执行主任、硕士研究生导师，广东省本科高校工业设计专业教育指导委员会委员，汕头市工业设计协会副会长，德国工业设计协会（VDID）会员，德国 Haoyu Design GmbH 创始人，德国安哈特科技应用大学(HS Anhalt)设计学院客座教授。

图 6-9　卓越设计奖获奖者：李昊宇

李昊宇教授（图 6-9）投身工业设计教育，注重创新思维与创新策略研究，首创"2 变 3"工业设计创新应用理论。其中，2 指"现象＋本质"，3 指"设计思维＋执行方法＋实践能力"。该理论以三维空间基本原理、思维可视化创变原理、集合创新原理共同构成三大基石，旨在培养具备创新思维和创新能力的人才，通过创新创业，为社会创造价值。

多年来，李昊宇教授陆续出版专著《好奇心百货店》《三维空间基本原理——创造完美世界》（中国高等艺术院校精品教材）；累计在《装饰》《新美术》《南京艺术学院学报（美术与设计）》《设计》等国内外核心期刊发表 16 篇论文。同时，他还为众多国内外知名企业机构提供设计服务，先后获得 3M 欧洲设计大赛第二名、美国核心设计 Core77、德国钢协会年度钢铁创新设计奖、TICHBO IDEAS 设计奖、LEITZ 设计奖、德国埃森红点产品奖、世界绿色设计产品奖、上海世博会特许产品奖等国内外奖项。

桂元龙

桂元龙，毕业于无锡轻工业学院（现江南大学）工业产品造型设计专业，现任广东轻工职业技术学院艺术设计学院院长，高级工业设计师，兼任教育部职业院校艺术设计类专业教指委产品设计专指委主任、中国工业设计协会科技设计分会理事长、广东省高职教育艺术设计类专业教指委主任委员、广东省产教融合促进会数字创意设计专业委员会主任委员。

图 6-10 卓越设计奖获奖者：桂元龙

桂元龙教授（图 6-10）多年从事产品设计教学与实践，陆续获得广东省教学成果一等奖、广东省劳动模范、新中国成立七十周年广东设计 70 人、中国工业设计协会中国设计产业 100 强十佳设计教育工作者、中国工业设计十佳教育工作者、广东省十大工业设计师、教育部职业院校艺术设计类专业教学指导委员会杰出贡献奖，中国轻工业职业教育教学名师、广东省高校工业设计教师创新大赛"金尺至尊奖"等多项荣誉，获得 40 余项国内专利，其"桂元龙创新工作室"还荣获 2021 劳模和工匠人才创新工作室称号。

同时，桂元龙教授还主持中国特色高水平产品艺术设计专业群、产品艺术设计专业教学标准制定，精品（资源共享）课程"产品设计"、广告设计与制作专业教学资源库、"十三五"职业教育国家规划教材《产品项目设计》等国家级项目，主编的教材先后获得教育部高职高专艺术设计类专业教学指导委员会精品教材一等奖、二等奖。

戴加安

戴加安，毕业于武汉科技大学工业设计专业，现任珠海迈科智能科技股份有限公司设计总监，自 2007 年以来一直在珠海从事工业设计工作，相继荣获珠海市十大新锐工业设计师、珠海市十大优秀工业设计师、德国红点设计学院（中国）共创设计师等奖项，申请获批设计专利 98 项。

图 6-11　卓越设计奖获奖者：戴加安

戴加安先生（图 6-11）作为一线设计师，打造了多款深受市场和消费者喜爱的产品。其中，2018 年原创设计的 MINI-M43（跑车款）地面卫星接收数字机顶盒，一经推出就火爆海内外市场，截至 2021 年上半年，累计销售 500 多万台，创造了业内单品销售的纪录，引领了该品类的设计发展。

戴加安先生一方面秉持设计服务于众的理念，不断推出深受消费者喜爱的设计产品，另一方面，还致力于推动珠海工业设计的发展，多次参与并指导企业设计人才参加市长杯、省长杯、红点学院共创等设计竞赛，参与编制 2021 年企业工业设计指南，为大湾区的设计创新建言献策。

坚持学习，勇于创新，他对工业设计孜孜不倦；热心行业发展，乐于分享，戴加安先生为珠海乃至大湾区设计做出卓越贡献。

图 6-12　卓越设计奖获奖者：唐云野

唐云野

唐云野，毕业于南昌航空大学，现任珠海璇玑科技有限公司总体设计师，专注于飞行器设计，其产品覆盖军警市场，用于隐蔽侦查、识别打击、智能化作战等多种用途。

目前，唐云野先生（图 6-12）在无人直升机领域已取得发明专利 3 项，实用新型专利 11 项，其中共轴双旋翼无人机平台是国内首创，凭借独特的飞行器构型打破行业现状，在百家争鸣的无人机市场，取得一席之地。

2021 年，唐云野先生参与设计的产品荣获了广东省"众创杯"创业创新大赛博士博士后创新赛企业组金奖、"创客广东"珠海市中小企业创新创业大赛企业组一等奖、中国航展"冠军杯"航空航天产业创新创业邀请赛二等奖、第五届世界无人机大会创新产品奖等荣誉，并成功晋级第十届中国创新创业大赛全国总决赛。

作为 90 后设计师，他锐意进取，成为大湾区设计创新的重要力量。

郑佳奇

郑佳奇，城市规划专业毕业，建筑学工程师，现任珠海华发建筑设计咨询有限公司建筑设计总监。

图 6-13　卓越设计奖获奖者：郑佳奇

郑佳奇先生（图6-13）自2007年以来，一直在珠海从事建筑设计的相关工作，作为负责人，先后主持完成了多项大型住宅项目、商业项目、住宅商业组团项目、教育组团项目和旧改小区项目，项目累计面积超过百万平方米。

面对复杂的设计任务，作为项目负责人，郑佳奇先生从协调各方需求到整体规划，从设计到后期的施工配合全程跟踪，从技术角度深入解决各项问题，攻坚克难，屡获好评，取得了很好的社会效应。其中，斗门华发容闳学校项目荣获 2020 年珠海市优秀工程勘察设计三等奖。

何朋

何朋，毕业于山东工艺美术学院，现任浪尖设计集团副总经理，从业 8 年来专注于工业设计，项目涵盖了家电、数码、智能家居、智能穿戴、工业设备等领域，有数十款产品上市，多款产品在市场上热销，同时还深度参与服务设计、策略研究、产品定位、产品规划、产品设计、量产跟踪等环节，为海尔、美的、华为、高通、京东方、格兰仕、亿田、海底捞、芬尼克兹、绿岛风、碧桂园、拉卡拉等国内外知名企业提供服务，有力地推动了客户的业务发展和业绩成长。

图 6-14 卓越设计奖获奖者：何朋

2014—2020 年，何朋先生（图 6-14）参与设计了绿岛风多款产品及体验店的空间设计，相继荣获市长杯银奖、铜奖，为客户提升了品牌影响力和竞争力，助力客户成功上市。

2018 年，何朋先生带领团队设计的芬尼克兹"新风机"、华大基因"基因测序仪"荣获 iF、红点设计奖。2019 年，何朋先生带领团队为亿田服务，从集成灶产品切入整体厨房业务，从规划产品线到多款产品设计，不仅助力企业成功上市，而且品系列荣获 iF、当代好设计、CMF 等多项大奖。

从产品设计到全产业链的设计创新，何朋先生成为推动大湾区设计升级的重要力量。

张龄方

张龄方，毕业于广州工商职业技术学院环境艺术设计专业，现任珠海华发景龙建设有限公司公装设计经理，主持参与过众多项目，如横琴华发容闳公学、沈阳云书院、横琴创意谷项目、力合股份有限公司、武汉华发首府销售中心、珠海中心 25 层招商中心、包头商业项目、成都林家坡销售中心、西安紫薇华发 CID 中央首府项目、常熟写字楼等。

图 6-15　卓越设计奖获奖者：张龄方

张龄方女士（图 6-15）凭借良好的专业素养与设计水平，创造出较好的企业效益和社会效益，她先后荣获 2018 年香港专业室内设计两项大奖"最佳海外作品"金奖及"网上好评"铜奖，荣获第七届中国装饰设计大赛（CBDA 设计奖）展陈空间工程类金奖。

钟翔伟

钟翔伟，毕业于西南科技大学，现任珠海芯烨集团主创设计师，中级工程师。

图 6-16　卓越设计奖获奖者：钟翔伟

　　钟翔伟先生 (图6-16) 从业至今，陆续承担了包括卫浴五金产品、智能马桶、智能锁、智能晾衣机、楼宇对讲系统、热敏打印机等多达 15 项产品系列的主设计工作，有包括超薄龙头、摩登面盆龙头、U 享智能马桶、TP4 便携式热敏打印机、58IIHV 热敏票据打印机、智能语音播报器等 10 多款产品上市并热销，先后获得了包括德国设计奖、iF 设计奖等多项国际国内知名设计奖项，申请通过外观、实用新型产品设计专利 20 余项，在核心期刊《包装工程》上发表产品设计相关论文 1 篇。

　　此外，钟翔伟先生承担的基于感性工程学的产品开发流程建设项目有力地提升了企业产品的开发效率和准确性。作为 90 后设计师，他已成为大湾区设计界的中坚力量。

阮文韬

阮文韬，GROUNDWORK 元新建城创始人，香港设计师学会注册会员，香港室内设计师学会注册会员，英国皇家建筑师学会注册建筑师，先后在香港大学建筑系、英国剑桥大学建筑系取得文学士（一等荣誉）和硕士学位。

图 6-17　卓越设计奖获奖者：阮文韬

阮文韬先生（图 6-17）曾任奥地利蓝天组 Coop Himmelb(l)au 驻中国项目统筹，自 2011 年在香港创办 GROUNDWORK 以来，一直致力于社会性项目研究，不断探索人文精神与美学创新的糅合，其极具创新意义的建筑、空间及展览设计作品，目前分布于多个国家和地区；从业以来陆续获得"世界建筑下一代的建筑大师"之 45 位 40 岁以下特色世界建筑师之一、2013 年"香港精神奖"等荣誉，入编"亚洲华人领袖名录"。

此外，阮文韬先生还为香港特区政府编写了《城市儿童公共游乐空间设计》的政策，出任国际乐施会、童军总会、香港艺术教育学会荣誉顾问。

第二节 粤港澳大湾区原创设计师访谈

问题一：

您如何理解设计力？如何发挥设计力，如何保持和提升设计力？

吴欢龙： 个人认为设计力的发展分为三个阶段。第一阶段是赋能产品，给企业创造价值。这一阶段设计主要体现在以设计提升产品的颜值、丰富产品品类等方面，为企业带来更多利润。第二阶段是设计驱动创新。设计师从配合角色逐步转化为推动角色。设计是创新交汇点，连接产品研发端和消费需求端。第三阶段是设计系统。通过集体智慧，以最佳结果为导向，寻找最优解决路径。由产品设计升级为组织设计、效率设计、品牌设计等整体系统设计。

发挥设计力需要用目标驱动导向。去年我们提出了设计的新目标：做世界上最好的设计，其标准就是要让消费者"一看就喜欢，一用就爱上"。设计是被动的艺术，好设计无需过多解释，好产品自己会说话。用户能在看到、触摸、使用时感受到产品带来的愉悦享受。

而要想保持和提升设计力，第一是需要对设计发自内心的热爱。产品设计是在无数人挑剔的眼光中不断成长的，所以在一定程度上，只有保持热爱，才能乐此不疲，有源源不断的好想法。第二是持续学习和拓展延伸。设计师只关注设计领域是远远不够的，设计需要有跨领域的学习、吸收以及对生活的洞察，并把这些内化为自己的设计语言。不断创新、拓展和突破，或许就是设计的核心要义。

郭桂钦： 设计力就是通过设计，给产品增加价值，提升产品带给人的愉悦感。设计有两种，一种是商业性的，不论是产品设计还是建筑设计，通过设计让商品增值，让大家有消费的欲望；另一种是非商业性的，可能不是为了销售，那至少要让大家喜欢，能让生活更美好。

至于如何发挥设计力，提升设计力，以建筑设计来举例，就是要让这个建筑能够为我们整个城市的环境做出一些改善。城市是一个宏观概念，真正落实下来，大家感受到的，实际上是一些很具体的存在，比如建筑、景观、道路。所以，如果设计让城市变得更有活力，城市更宜居，那它就是好的设计。

从开发商的视点来看，别人可能卖每平方米 2 万元，经过设计，能卖到每平方米 2.5 万元，那多出来的部分，就是设计的价值。或者同样都是卖每平方米 2.5 万元，你设计的建筑更受市场欢迎，那这也是设计的价值。毕竟从建筑来讲，归根结底，设计就是要创造美好生活，这个一点都不虚。现在讲人民群众对美好生活的向往就是我们的奋斗动力，从操作上来说，就是大家想要什么样的房子，我们就要盖什么样的房子，这是很实在的，建筑设计的价值。

汤重熹：首先要弄清楚什么是设计，设计就是创造一种新的、更健康、更科学、更绿色的生活方式。所以设计力就是创造这种生活方式的能力，设计不仅注重表面的美感，不仅要达到市场的商业价值，更重要的是致力于在新的生活方式上与用户的沟通和体验。我不同意那种"以商业化设计为导向"的观点，如果以商业营收的多少来衡量设计力的强弱，那么设计明显被商业绑架，可能会背离"创造一种新的、更健康、更科学、更绿色的生活方式"的初衷。

关于发挥设计力，保持和提升设计力的问题，要强调一点：必须加强设计的基础研究。通过设计基础研究可以得到大量可靠的第一手数据；引导人们在过程中发现创新的方向与方法。基础研究也可以提高企业的综合竞争力和品牌效应，有助于高校和公司培养专业设计人才，这些人才既可以在研究和开发事业中成为创新的中坚力量，也可以在有效的应用中成为新知识和新技术的桥梁。

设计基础研究的核心是为人而设计。设计不仅是智力意义上的文化，也是人类学意义上的文化，它可以被视为人类文化最高、最独特的成就。通过基础研究使设计师获得更广阔的科学技术发展趋势与知识，强化设计师对工程结构、工艺技术、材料的认识与应用；而过程中所运用的科学方法不仅保证了设计的合理性，可以使设计师养成求真、务实、尚理的习惯和品格。

所以发挥、保持和提升设计力，必须明确靠数量取胜是没有出路的，靠外观变化更没有出路，这不是急功近利或者速成就可以达到的，也不是追随市场就能够实现的。

周小良： 设计是一个有目的的专业行为，很多人把艺术跟设计连在一起，但艺术更偏向于个人创作。设计不一样，设计有甲方，有明确的目的。设计不只是做得美一点，颜色漂亮一点，这是最基本的美感。设计的核心问题是充分实现它的效益，比如，帮助客户提升销售额、增加人流量，帮助品牌扩大知名度、提升品牌价值……能实现目的的才是好的设计。所以设计力是设计可以产生的影响力，是设计能达到的效果。

至于如何发挥、保持和提升设计力，要看到设计最重要的部分，其实不是设计本身，而是背后的策略。设计需要调研、策划，形成设计的想法。这里面包含了市场的经验、跟客户的沟通，在沟通过程中，理解项目需要什么，策略怎样做，如何跟市场相结合。所以要提升设计力，就要加强前面这部分的策略研究，即对消费者的调研和对市场的把握。这其实是设计中最花时间的部分，也是做策划最主要的部分。

高展辉： 我理解设计力是一种创新，一方面是创造力，另外一方面是整合力，整合资源的能力。设计不像科技研发，可以对性能有无限的追求。设计要找到最适合的那个点，从商业的角度、制造的角度、用户的角度，找到最匹配的那个点。所以设计是一个多维度思考的结果，如何找到这个最佳的点，把握正确方向的能力或者说找到最佳方案和途径的能力，这其实就是设计思维，也是设计力的所在。

至于提升和保持设计力，从个人角度还是要不断地否定自己，不断地去再学习，以一个开放的心态，不断地去质疑。设计如果能推动社会进步，也是因为有不断地否定、不断地肯定这样一个过程。

桂元龙：设计力是在理解设计的基础上，最大限度地利用设计为企业实现盈利和持续发展的能力。从产品设计的角度来看，设计力的系统工程特征更加明显，其价值的正常发挥牵涉到经营管理、设计开发、生产制造、市场营销、服务保障等多个方面。一些没有体系保障的点上的设计创新算不上是真正的设计力，也很难产生大的价值。

发挥设计力的最好环境就是有品位的消费市场，市场对优良设计的认同就是发挥设计力的最好土壤与催化剂。而保持和提升设计力的基本办法，是加强对设计力系统性特征的理解和把握。管理者要做好体系构建、资源配置，统筹好分工协作；设计者要在这个前提下，准确定位自身和设计工作，结合所依托的资源体系来落实具体的设计任务，持续设计、开发出受市场欢迎的好产品。

戴加安：我个人理解的设计力在某种意义上讲可以说是沟通力，它不仅仅是属于设计师的。对于设计师，设计力表现在我们要让自己的设计作品有明确的表达，能够让消费者明白设计师的设计意图并接纳它。所以提升设计力最重要的还是要保持互动，跟人、事、场景等的互动。

唐云野： 我理解的设计力是创造力，需要对未知的好奇和探索，这其实是人最纯真的部分——好奇心。要发挥设计力就要敢做，缩手缩脚不如大胆去做，错了可以改，但是不做就无法谈好与坏。提升设计力要保持空杯心，吸纳别人的建议是保持新鲜和提高的方式。

郑佳奇： 设计力是根据理论基础和实践经验，运用图纸或语言文字的方式表达出来的。设计的本质是解决问题，而解决问题就要有发散性的思维，这样才能应对各种未知的问题，同时也要及时归纳总结。

何朋： 设计力是一种思维方式，是一种认知事物的工具。用设计的眼光看世界，设计无处不在。在日常工作和生活中，要持续不断地用心学习、思考，并付诸实践，定期梳理，慢慢修炼自己，这是一辈子的事情。当然，道理大家都懂，但是知行合一需要坚持。

张龄方： 力是前进的方向，设计力就是设计在给力。这需要自身的设计灵气，有一点天赋，能产生一些飞跃的想法，也需要每个项目一点一滴的积累，保持多看多学的习惯。

钟翔伟： "设计"顾名思义是通过动脑思考、计划、构建好方案并控制方案的实施过程以解决"问题"。"设计力"应该就是对这个过程整体水平的描述。对于我个人，"设计力"的发挥应该是"设计"过程中各个阶段的信息整合与处理，寻找最优解。保持设计力要形成适合自己的过程方法，而提升设计力则要不断接触各种各样新的信息并养成整理归纳的习惯。

问题二：

应对多变的设计场景和不同的设计任务，有什么设计方法论可以分享？

郭桂钦： 方法论的说法听起来比较高大上，上学的时候倒是学过一些，但实际工作以后，这么多年我总结，可能比较原则性的，或者我会不断强调的，大概就是这 8 个字：因人而异，因地制宜。

因人而异，就是我们的设计，尤其是像我们这种建筑规划设计，一定要想，你的客户是谁，客户在哪里？不同的客户，需求是不一样的。例如，设计一个商务酒店和一个度假型酒店，项目的地理位置、目标客群不同，酒店的风格、材料都非常不一样。再如，城市中心的白领公寓和郊区的别墅，也有非常大的差别，这就是因人而异，设计要考虑不一样的客户需求。

因地制宜，这个结合建筑来讲，比如在南方和北方建房子，气候条件不同，差异就非常大。北方要有很厚的墙体，南方要尽量保持通风；北方的建筑造型和布局都比较规整，南方讲究变化，很多是交错的。制造的工艺，南方的匠人和北方的匠人也不一样。所以因地制宜，就是要看所在的环境、市场是什么样的。

此外，在执行层面，对设计来说，前期要放。一开始要让大家各抒己见，百花齐放，让大家自由发挥，这样才能通过碰撞和讨论，产生好的想法。而中期要收，不能每个想法都去实现，中期要聚拢到一个相对可行的方案。到了后期，一定要严，一定要管，细节要抠到位，包括和工艺怎么结合，对时间和造价的要求，一定要落实到位，要严格管理。因为设计师有时候是发散思维，所以要把它梳理好，落得很严很实，这样才能打造出一个很好的产品。

如果一定要讲方法论，第一是从客户出发，从实际出发，因人而异，因地制宜；第二是执行过程，前期要放，中期要收，后期要严。

汤重熹：我的设计方法论主要是学习贯彻柳冠中先生"事理学"的方法论，它有助于让我们掌握正确的设计方向与设计手段。

柳先生提出，设计就是"创造性地解决问题"：一是解决今天的问题，二是提出未来的愿景。我们必须清楚做设计首先要具有抽象思维能力，将设计的目标从"造物"提升到"谋事"的"目标系统"上，回归本源认知"初心"，要做什么？走什么路？然后再去选择"工具和技术"。技术是不断更新迭代的，是为实现目标而选择和组合的。所以设计创新是研究"本源"，设计需要去认知目的，而不只拘泥于载体，通过进化、突变的"创新"以提升适应度，这就是设计思维逻辑。

从"造物"提升到"谋事"的"目标系统"这一方法论的应用，我们不是简单地按照企业要求设计产品，简单地去"造物"，我们必须研究为什么要造"物"？百姓对"物"的需求目标是什么？有没有更理想的方法达成这个目标？日常工作中，很多偶然的现象稍纵即逝。作为设计师，必须有能力敏锐地抓住这些一晃而过的生活现象，才能有更深层次的设计思维。

周小良：我是从平面设计开始，慢慢延展出来，这些年横跨了不同的领域，其实就是用一种设计的思维在做事情，现在更多的时候是在做品牌的策划和设计。这个必须从根本上去梳理，了解品牌有什么样的故事，怎样把这些故事提炼出来，转换成消费者或者受众能够接受的内容。所以我觉得设计师好像是一个翻译，把故事讲出来，把它翻译成更多人都可以了解的信息。每个项目都是不同的，但是你要专注这个设计项目的根本，它想说什么，想做什么，最后想得到的结果是什么？可能这就是大道至简吧。

高展辉：设计师本身是一个资源整合者，接触的每个项目，我们既是老师又是学生。在一个项目组里，会有不同的构成，除了设计师，还有渠道、制造、研发等人员。所以我们每做一个项目，都是两种心态并存。在设计方面，我们有自己的看法；同时在很多领域，我们又是一个学生的角色，要迅速跟他们学和做。不一定要超越他们，起码要理解他们为什么提出这种要求，然后再发挥我们的创造力，运用创造思维，去一起寻找新的可能性。

我理解，真正的设计不在设计之内，我们只是一个整合者，有很多创意可能来自设计师之外的人，比如来自用户，比如说制造环节的一些人员或者管理人员。所以要更多地去聆听、挖掘他们的设计需求，再转化为我们的设计语言或者设计构想。

桂元龙：当下设计业正在从"设计服务"向"服务设计"转变。打通产业链、跨界融合的综合性设计服务，其市场竞争力越来越大。而深层次的背景原因，就是设计是一个系统工程，用户从自身综合体验的角度来评价设计效果。所以过去那种点状的设计，效果自然比不过基于系统的设计。这要求设计师具备大设计意识，突破狭隘的专业束缚，提高自身的站位，从服务全局的角度，系统性地理解设计，从设计创新、资源整合的角度来统筹设计工作。

戴加安：我的个人经验，就是针对不同领域的设计，在项目进行之前，一定要重视市场调研，设计师要亲身参与。

郑佳奇：建筑师要不断让自己处于学习的状态，并在设计任务中多培养团队的力量，让外部力量为我所用。

何朋：浪尖本身是个平台，也算是一个产品，而且是不断迭代、适应环境、充满生命力的。以人为核心，通过"定位""设计""实现""价值"，提供解决方案。这是浪尖的方法论，也是我一直在学习和践行的。

张龄方：可能大家都是从助理开始，然后独立做方案的。可以多去别的地方考察，看看别人是怎么做设计、怎么处理问题的，总结经验。比如收口是最考验设计者功力的部分，我会看每个项目的收口，看细节的好与坏，看别人的项目，积累自己的经验。

钟翔伟：我有两点心得，第一是明确设计任务的具体需求，这个过程其实是信息收集与整理。要清楚终端用户的核心痛点；要了解市面上竞品的信息，竞品企业的产品现状；要充分了解所在公司的研发水平和为达成设计目标愿意投入的人力、财力、时间、数据。用数学的语言来说，就是定义好边界条件再去求最优解。第二是不要孤军奋战，设计从来不是拍脑袋画个图建个模，特别是面对横跨多设计领域的任务，一定要找好具体专业领域的队友。现在这个社会没有人能面面俱到，学会调用资源往往事半功倍。

问题三：
如何培养、提升团队的设计力？企业如何更好地发挥设计力的作用？

郭桂钦：培养团队和下属的设计力，大致有三个方面。第一就是要明确目标。带团队的时候，一开始就要讲清楚，我们做这个项目的目标是什么？比如我们要建成什么样，我们想对标市场上的哪个项目，要超越哪个项目，这个要给团队讲清楚，包括大致的时间和预算。

在整个团队都明确了工作目标后，第二就是要奖优罚劣。执行目标的过程中会遇到各种问题，做得好会被表扬，我们设计图上的一条线，在现实中可能就是一堵墙，所以，不能出错，有错必须严惩。

第三是在执行过程中要讲究方式方法。项目完成以后，一定要做复盘提升。像珠海中心大厦建成后，就形成了一个 300 多页的复盘提升报告。有时候我还会让团队成员从个人角度、从专业的思路出发，进行复盘提升。

汤重熹：作为教师，我主要还是培养学生，有这样几点心得。① 提升对事物本质的认识能力，将创新设计能力的培养发展与项目结合在一起。② 培养自我扩展知识的能力，构建"设计思维逻辑"和"设计研究机制"，在知识扩展中奠定不断学习提高的能力，学会独立思考。③ 构建基础研究的学习，在研究过程中学会以设计思维逻辑引发想象力，培养善于观察、发现问题、提出质疑，敢于创造的能力。④ 培养团队合作的精神，激发集体智慧。当前产业的整体前瞻性设计或企业的单项设计几乎都必须由团队合作来展开与完成。所以团队精神是对每位设计师的素质考验，可以说不培养团队精神，根本谈不上发展设计力。⑤ 在产教融合中强化动手能力，只有动手，学生的知识才能得到扩展、延伸或深化。在动手的过程中思考，同时强化对新原理、新材料、新技术、新结构的认识与应用。有条件的话，一定要将学生带进企业去实践。

周小良：我觉得首先是选择团队的成员，必须要选跟我们的理解一致的，或者说，选对人很重要。有一些设计师可能设计做得很好，但是我们没有选，就是因为我们更关注人的因素，关注他有没有很热爱这个专业，怎样对待这个专业。哪怕他做得还不是太好，但是他很喜欢，是在热爱、投入地做这个事情，我们觉得他就是适合这个团队的。所以培养和提升团队的设计力，大概在选人的时候差不多已经做了一半，然后再把理解的方法，做设计的方法，通过我们自己做出来的事情，让他们看到。

高展辉： 像我们这个年代的人，可能更多责任的是打造一个环境给年轻人。我现在没有参与非常具体的项目，主要是打造平台，看怎么利于他们去运作项目、管理项目，包括他们需要一些什么资源，我可以帮他们去整合，他们怎么想，我能怎么帮他们去实现。我觉得这是我最想干的事情，因为年轻人本身有很多想法，其实都挺有意思的。有些人的想法有时候会颠覆我们的一些传统方式，但我觉得是可以接受的。只要他们最终能输出，我们一般是结果导向的。

至于设计助力企业发展，从企业方来说，早期可能会觉得工业设计就是做个美工，做漂亮点就行了。而现在很多企业开始上升到一个工业设计的思维，上升到一个企业决策、企业管理这种层面，我觉得这个是变化很大的。过去刚进入这行，可能很多时候是甲乙方那种感觉，由客户委托我们去做一个设计，客户要做什么，大概要什么方向，什么款式，告诉我们，我们就按他的要求做出来，甲方非常强势，我们其实没什么跟他对话的感觉。

现在就慢慢觉得变成了朋友，或者是合作伙伴。企业会反过来咨询我们，未来应该怎么做。这种变化可能跟设计师自身的成长也有关系，有他经验的优势，对于趋势的把握，对于消费者的洞察，设计师变得更有话语权一些。

这样大家首先要在顶层逻辑上达成共识，如果企业始终把我们看作是外观设计，那我们改变不了什么。如果企业把我们当作共同创业的合作伙伴，是那种平等的感觉，一起去探讨怎么做。这时候，我们就会换位思考，其实是站在甲方的立场上去思考问题，不再是甲方派一个活给你的感觉。这样，我会更倾向于寻找相对同频，能够有共同理想的一些企业来合作。

而真正合作起来，大家站在不同的角度，是以不同的身份去发挥各自的优势。作为工业设计，一定要站在制造这里，跟销售、跟品牌保持同一个高度，一起去商量顶层的设计，这样才能真正帮到他们。最后就是大家怎么共享成果，最好能够形成一个风险共担，利益共享的机制，这样大家都会特别投入，彼此都有责任感。因此合作的架构方式要首先设计好。我觉得最好的状态，就是能和企业志同道合，大家共同去创造，甚至颠覆一个产品、一个产业。

桂元龙：作为一名高等职业设计教育的工作者，从 2017 年开始，我就在广轻艺术设计学院推动以培养具备"大设计意识、国际视野、人文情怀、工匠精神"的高素质技术技能人才为目标的教育教学改革，在学院的 7 个专业及方向开展高职艺术设计类专业"工学商一体化"的人才培养模式改革与实践。

2020 年，我们又开展了"创意设计 + 数字技术"的融合人才培养，组建的产品艺术设计专业群，获得了国家"双高计划"立项，国家投入 1.4 亿元来支持我们的教育改革实践。这为我们与阿里、腾讯、科大讯飞等企业开展产教深度融合办学，打造"国际数字创意谷"技术技能平台，组建跨界混编"三导师"教学创新团队，培养高层次技术技能人才，提供了最有力的保障。

戴加安：设计是需要碰撞的，对于团队而言，一定要让设计师有参与感，坚持让每位设计师去对外沟通，对内协作，团队作战。至于企业层面，工业设计是科学与艺术的结合，它能产生新的生产力，能为企业的发展赋能。因此，企业应该注重设计在生产制造、品牌创新等方面的能效，建设自己的设计力量。

唐云野：与其说培养下属，不如说多交朋友，我从来不会认为有上下级的关系，本来大家就是抱着共同目标，想要一起做事的人。大家更多的是交流碰撞想法和思路，在头脑风暴的同时，交换了想法也共享了知识。至于企业，还是要做产品的，各行各业虽然做的东西不一样，但都是面向市场的。好的产品能带来好的反馈，企业才能走向良性发展。为此，企业要足够信任，给予自由的土壤，才能更好地发挥设计力。

郑佳奇：第一，多看。鼓励团队多看，提升审美能力。第二，多想。在多看的基础上进行思维的训练，在多想的过程中，不要急于求成，放平心态，坚持下来，就会发现自己的思维能力在不断提升。第三，多做。纸上得来终觉浅，绝知此事要躬行。在练习的过程中，获取一些新的东西。至于企业层面，设计力可以增强和提高企业的竞争力和创新能力，对内获得员工的认同感、归属感，加强企业凝聚力；对外树立企业的整体形象，推动资源整合，不断地强化受众的意识，从而获得广泛的社会认同。

何朋：因材施教，塑造团队 IP，统一目标。我会努力做团队的榜样，但是不想成为他们的天花板。对于年轻设计师，我建议大家在学校把基本功夯实，养成良好的学习习惯。工作后，慢慢发现并发挥自己的优势。量身定制每个阶段的目标，并坚持执行，不断迭代。在深入了解所在行业之后，会比较清晰自己的发展方向。当然，还有个办法，就是和优秀的人在一起，快速成长变优秀。

至于提升企业的设计力，不同类型的企业，在广度和深度上，各有侧重点。产品型企业会更加专注于垂直细分领域，造就这个领域的专家。而专业设计企业，尤其是浪尖这样一个以设计为核心，通过构建全产业链设计创新服务生态，驱动产品创新、产业创新和社会创新的企业，会从产品、商品、用品和回收品等贯穿全生命周期的角度，重新定义设计和应用场景，不断拓宽视野，提升对设计本质的认知，进而创造更大的价值。

从共性来看，两种类型的企业都是要修炼对设计的认知维度，从顶层规划开始，这方面，童慧明老师的设计驱动型品牌（Design Driven Brand）对我的影响比较大。所以，企业要提升设计力，就要把设计作为战略，指导和制定企业发展规划，让设计贯穿企业创新和发展的方方面面，而且加强设计力，人才是关键，要为人才的创造力发挥提供良好的制度和生态环境。

张龄方：培养要看人，有的人有天赋，可能经验不足，这个是可以培养的。有的人可能天赋一般，但是踏实细致，也是团队需要的。因为设计不只是做方案，它还需要落地，施工落地不了的设计，不是好设计。而且室内设计，需要盯现场，施工解析，所以需要多方面的培养和锻炼。至于企业，每家企业不一样。我所在的企业是房地产公司，国企性质，会接触一些综合性的大项目，设计的类别也比较多。如果是一些私企，项目可能没那么大。所以设计发挥的角色不一样，国企有国企的社会责任。

钟翔伟：与用户共情是设计师的基本素质之一，这项素质其实在培养下属设计力方面，也是相通的。运用同理心，理解下属的阶段想法，多沟通，让下属认识到你的目标，在团队里建立信任的网络，让好的设计思想和习惯在团队里流通。多组织头脑风暴会，鼓励大家发表建议，鼓励大家把自己的设计想法分享出来。不断带领团队去接触各种各样的科技、文化等领域的新信息，比如参观展会、参观工厂、参加设计聚会甚至体验观光。

至于设计如何助力企业发展，我尊崇柳冠中老师的思想，并不是设计方案像艺术品一样漂亮就是成功的设计，也不是功能工艺业内绝对领先就是成功的设计，也不是极致迎合用户需求的方案就是成功的设计。要助力企业发展，设计师要站在企业的角度去思考问题，比如企业是否具备所需的技术实力，开发成本企业能否承受，能否带来盈利等，要认清企业现状，想办法调动资源，让好的概念落地变成产品。至于企业方面，个人觉得首先还是企业的领导层和决策层要充分认识到设计力的重要性，让设计部门多参与一些公司的战略决策，把设计部门当"脑子"来用而不是当成"手脚"。

问题四：

印象中，哪些设计领域是大湾区的强项？大湾区设计有哪些特色优势？

高展辉： 产品设计、建筑设计、室内设计、服装设计，我觉得这些都挺强的。大湾区的设计比较低调务实，有产业基础和土壤。其实，我觉得产品设计、服装设计、室内设计、环境设计，这些设计领域的一个核心问题是如何实现你的想法，这个产业在哪里？

作为设计师，想做什么产品，基本上来到大湾区，都可以找到合适的供应商，这个土壤是很好的。从设计创新到制造，包括销售，整个生态链的各个环节，有非常多的国内、国外的企业和机构。像我们也经常接待来自全国各地的一些设计师，过来采购、对接，别的地方可能没有这样好的制造基础。所以说，大湾区设计的生态链是比较完善的，制造业的门类比较齐全，基础比较好，这是一个吸引优势，甚至未来能为全世界的设计师提供条件。

另外，在大湾区，设计是与产业相关联的。比如家居类，我们佛山这边有句话叫"有家就有佛山造"，意思是家里的东西，从窗帘、地砖到家具、家电，可能很多都是来自佛山或者佛山周边的一些企业；而东莞可能是精品礼品、个人护理；深圳是高科技类产品。所以，设计依托于制造的产业基础，形成特色与布局，这是大湾区比较明显的一个特点。

而且大家有很好的风险共担、收益共享的意识。这种意识，我觉得某种程度已经渗透到大湾区生态链条的各个环节了，就好像是血液里流淌的基因一样。所以对于有梦想，有志于创新，想干一番事业的人，在这里就很容易找到一些共同奋斗的伙伴。哪怕这种合作不一定是一种固定状态，可能这个项目跟这个团队合作，另一个项目跟另外的团队合作，但是大家都有这种意识，就像抱团取暖。我觉得在大湾区这边，无论是佛山、深圳，还是其他城市，一聊起来，大家都是相互认可的。

另外，现在一些高科技的引进，我觉得也是挺好的。全国的高校，也包括一些研究院，很多都已经在大湾区建立分支机构。所以会有一些平台和机制，能够帮助大家对接，去共同做一些事情。比如说他们负责材料的一些创新，而后材料的应用，可能就要找到我们工业设计。应用之后的生产，可以在大湾区里找到制造商，然后还会有电商公司来销售。所以说，大湾区的供应链比较齐全，能够更好地实现科技成果转化。

桂元龙：设计离不开产业与市场的需求，大湾区良好的产业发展滋养着相关设计领域的高速成长。印象中与日常生活相关的各个领域，比如，在产品设计、汽车设计、家具设计、电子产品设计、生活用品设计、广告设计、装备设计、建筑设计、环境艺术设计、服装设计等方面，大湾区都有不错的表现。

从产品设计领域来看，"双区驱动"背景下的大湾区在整体设计生态方面有着非常明显的优越性。首先，大湾区有着产品生产制造所必需的完善的配套体系。就大部分家电产品、电子产品以及其他轻工产品而言，在当今世界具备独特优势。其次，"广交会"和香港的会展业是世界最有影响力的线下商品交易场所、交易平台之一，每年汇聚海量的新商品和新技术，提供专业性的信息和技术转化，为设计创新提供强有力的支撑。最后，"世界设计之都"深圳和"全球定制之都"广州聚集了数量可观的创新资源，是大湾区强大设计创新与智能制造实力的写照，众多的设计企业以及不断扩张的高等设计教育，在本地区形成了巨大的人才聚集效应。

戴加安：印象中比较有代表性的可能是城市规划、道路桥梁方面的设计。就产品设计师而言，大湾区的资源匹配还是相当不错的，制造、加工工艺等都很齐全，设计师想得到的，基本上都能找到对应的工厂来帮助实现。可以说，配套齐全是大湾区设计的整体优势。

唐云野： 城市规划、消费类电子产品、服装是大湾区的强项。从我所在的飞行器设计领域来看，目前我们和国际水平还是有差距的。毕竟航空领域是一个需要长期技术积累和沉淀的行业。不过中国正在高速追赶，特别是大湾区，得益于珠海航展的背景，航空氛围更强一些，有一些航空企业会落户在珠海，这里配套齐全，生产加工方便。不过，飞行器设计还是一个全国联动的行业，只是大湾区所处的地理位置和产业配套具有很大优势。

从产品设计的角度来看，大湾区的特色和优势，我觉得是思想比较前沿，国际化交流比较多，人才优势比较突出，有很多优秀的设计师，未来要注重提升文化底蕴。

郑佳奇： 产品设计是强项，比如珠海的电子电路制造、生物医药、新材料、新能源、高端打印设备。我觉得大湾区有独特的地理优势，对接港澳、东南亚，更多的接收来自世界各地的信息；对外开放程度高，具有国际性和创新性，在全国处于领先地位，在亚太地区也处于前列。而且大湾区的生产要素和产业集群具有相当强大的国际竞争力，战略地位比较明显，设计发展潜力巨大。

何朋： 设计与制造紧密相关，大湾区在现代工业的发展中具有重要地位，相应的在工业设计、服装设计、珠宝设计、钟表设计和电子消费品设计等方面，都处于全国领先地位。特别是近年来，随着新一代信息技术的快速发展，交互设计和服务设计也呈现出厚积薄发的态势。

个人感觉，大湾区就是国家整合现有资源，重塑的一个有机产品，整体的规划和定位类似大服务设计。以科技创新驱动为核心，在资源联调便利性、融合开拓创新性等方面，都有比较明显的特色。

张龄方：我觉得大湾区主要是地理位置的优势。因为我主做房地产项目的室内设计，如售楼处样板间、精装住宅。从这个角度来说，大湾区比较偏港式和现代简洁，北方相对崇尚奢华，风格有所不同。

钟翔伟：五金、陶瓷、家电、消费类电子产品、电力通信设备等是完全的设计强项。个人感觉，大湾区最大的与众不同之处，还是在于求真务实。这边的产品设计，很多时候是在用户需求、用户体验与企业客观现实之间找平衡点，并且坚持用市场反应来检验产品开发的成败。

问题五：
未来大湾区设计有哪些提升空间和可以改进的地方？

高展辉：大湾区的企业藏龙卧虎，整体相对低调务实，我个人挺喜欢这种感觉。但是某种程度上，我觉得这既是一个优点，又是一个缺点。我个人觉得长三角、福建那边的企业可能更敢去搏，更愿意承受风险。珠三角还是循序渐进的这种感觉，就是一开始先投一点，觉得有效了，然后再投多一点。但是那边的感觉，可能会一下子投很多，要么成功，要么失败。

另外就是底层研究相对比较弱，这可能跟产业有关，就是更多的是应用型的，虽然比较成熟，但是缺乏一些底层设计研究。个人觉得，大湾区跟北京挺有互补性的，北京高校比较多，底层的一些研究比较多，如果把这些研究跟湾区做一个结合，我觉得也是挺好的。

桂元龙：目前大湾区的设计水平，在全国处于领先的第一梯队，但是从世界范围来看，还有很大的提升空间，所以发展后劲强。未来的发展主要有三个方面：第一，除了在传统的设计服务领域争取更好的表现外，更重要的是聚焦数字创意产业，用好信息技术，以全新的设计思维整合社会创新资源，创造更大的设计价值；第二，设计业要加强对高端产品和高端品牌的研究，通过满足高端的设计需求，创造高附加值的设计服务来促进设计力的提升；第三，要在设计实践的基础上，进行系统的有特色的理论总结，形成自己的方法论，以此指导我们的设计实践，与世界对话。这些是我们共同努力改进的方向，提升空间巨大，价值不可估量。

戴加安：我记得曾经上过一堂课，里面有句话记忆犹新，设计从人类开始使用石头的时候就存在了。所以对于大湾区来讲，未来设计会是一种先导。目前，从全国来看，大湾区的设计水平处于优势，但是从世界范围来看，我们还有很长的路需要追赶。我个人觉得设计的原创性、创新性还有很大的提升空间，包括文创产品也是如此，未来要在原创的基础上加强技术创新。

郑佳奇：从建筑设计来看，短板可能是地区发展不均衡。未来建筑设计领域可能会更多关注城市更新的创新方向研究。展望未来，大湾区以深圳为创新代表，以广州为岭南文化传承，随着粤港澳一体化合作的不断发展，大湾区迎来前所未有的变局，城市设计的水平将不断攀升。

何朋：个人认为，百家争鸣是大湾区设计发展的良性状态。目前，作为驱动经济快速发展的发动机，大湾区的人才、技术等核心器件，高密度集中，主力城市的负荷是比较大的，在高速运转下，对容错率会有一定的影响。未来进入数字化经济的时代，可以塑造大湾区双发动机或者多发动机，甚至虚拟发动机，突破现有的版本，提高容错率。这可以算是设计上追求平衡的理念，基于现有堆叠设计的大湾区 2.0 版本。

同时，未来大湾区的设计行业应该提升科技含量，依托科技创新的成果转化和完善的供应链，以及活跃的科技金融手段，在应用创新方面独树一帜。

张龄方：从世界范围来看，室内设计排名靠前的，主要还是一些海外公司。所以未来希望大湾区的设计师能有更多的交流，互相促进，一起提升。感觉最近两年组织香港、澳门设计师的交流会越来越多了，他们的教育偏西式，比较时尚化，可以相互学习，有助于提升大湾区整体的设计力。

钟翔伟：设计有助于将企业的生产力与人们的"衣食住行用"链接起来，使"生产"与"消费"发生反应，是社会活力的"催化剂"。从全国来看，大湾区的总体设计水平可以说是名列前茅，从世界范围来看，也是比较先进的。但是如果拓宽"设计"的范围，我们要承认在"高、精、尖"技术领域与欧美发达国家的差距。很多家电、家居产品，我们现在都能做到国际领先，但是一些芯片、精密仪器、精密模具还是依靠进口，所以我们还要咬牙紧追。

另外，大湾区有健全的产业配套，但不足之处在于绝大多数产业配套企业的规模还很有限，技术与工艺水准还要再提升。所以，个人认为未来的提升空间应该在整合优势资源，凝聚和提升企业群的整体技术与工艺水平方面，同时在核心技术研发领域应加大政府扶持力度。

问题六：

未来五年，设计行业会出现哪些变化？大湾区如何应对变化，未来有怎样的远景预期？

高展辉： 我觉得关于工业设计，有一个设计思潮的大讨论。就是现在到底设计是应该往这种设计师品牌的方向发展，设计师去深度参与制造业，还是我们要专注于设计服务业本身的服务提升？会有比较多的不同观点，在大湾区可以明显感觉到这种百家争鸣的状态。到底工业设计往哪个方向去提升，不同的企业做出了一些不同的努力方向。我觉得这是在未来几年，会越来越多被探讨的一个话题。

另外，对于整个产业来说，我觉得现在可能更多的还是从生态链的角度去调整。可能原来的生态链是围绕着制造去布局的一个生态链，未来会转变为一个以设计创新为主导的生态链。所以，整个社会分工会做很多调整，会有一些变化。像以前在大企业的一些小部门，未来可能就是一些新兴的专业公司、设计创新公司，所以这个行业的业态会发生转变。

最终，只要你有这种设计创新的思维或者是个有创造力的人，就能很容易地去实现你的想法。我感觉目前来说，这是一个正在变化中的趋势。以前你想做一个产品，真的不知道从何开始，如何下手，你不知道去哪儿，找哪个工厂。未来我觉得会很容易找到设计实现的合作伙伴。这有赖于整个生态的不断调整，我觉得未来大湾区会在这个方向越来越明显地变迁。平台型可能是一种业态，专业型会越来越细分。

桂元龙： 准确回答这些问题感觉有难度。总体上，我觉得未来五年设计行业可能会出现以下几种变化：① 设计意识会成为一种广泛的存在，设计的价值会得到社会的普遍认同，设计渗透到日常生活与工作的方方面面；② 设计学科与其他学科的交叉融合会更加深入，设计创新的成效更加显著；③ 设计创新型企业会越来越多地涌现，并影响到企业治理结构的变革，有设计经历的管理者占比会越来越多；④ 人工智能在设计领域的应用将更加普及，完成设计任务的效率会大幅度提升，获得设计服务将更加便捷，普通设计服务的价格也会更加亲民；⑤ 设计从业人员有可能会面临两极分化，顶尖设计师的地位会被更加推崇，相对而言，普通设计从业者的日子可能会变得更加艰苦。大湾区就是上演这些变化的主场，而这些变化会让大湾区的设计变得更加强大。

唐云野： 未来其实很难预测，回看过去五年，会觉得发生的变化是翻天覆地的。目前来看，我觉得未来可能会是科技硬件产品的爆发期，会有更多有关智能生活的产品出现，改变我们的生活方式。

郑佳奇： 未来已来，从我所在的建筑设计行业来看，在近四十年的时间跨度里，当下可以说是遇到了前所未有的生存环境变化与挑战。设计工作的内涵与外延，也因内外因素条件的改变而相应地发生变化。可能未来建筑设计行业将以大型设计院工程总承包（Engineering Procurement Construction，EPC）的模式更多地参与到项目中，并拓展出全过程咨询这类新的业务方向。而中小工作室将专注小而精的项目，当作品来完成设计。

应对这种发展变化，传统设计院应该苦练内功，提升设计力，顺应时代潮流，努力地看清形势走向，同时也要着手多方调整既有业务架构。未来在城市更新、旧城改造、文化保护等领域，可能会开拓新的发展方向。

何朋： 设计的概念很大，设计是创新的起点，价值链的源头。如果把世界看成一个整体，也可以认为是一个设计出来的产品，每个人、每个行业、每个城市和国家都是组成这个产品的一部分，而大湾区是一个典型的科技创新型湾区，所以设计是大湾区发展的一个有效工具。

　　未来五年，乃至更长的时间里，设计行业要不断引领大湾区制造业的转型升级，加速新旧动能转换，赋能经济社会高质量发展。同时，也要快速积累数据资产和知识资本，加快设计企业的数字化转型，拥抱数字化经济和未来的挑战。作为大湾区的两个极点，深圳和珠海应该加强设计领域的合作，形成制度上的高效协同，共建全产业链的设计创新平台，吸引更多国际化优秀人才投身湾区建设和发展。相信未来的大湾区，一定会超越纽约和东京，成为世界的创新策源地。

　　张龄方： 疫情引发了设计需求的一些变化，更突出人性化，还有健康方面的需求。比如我们现在精装交楼的样板房，会在进门预留免洗洗手液的位置。从风格来看，会更加现代化一些，从奢华繁复转向轻奢风、简约风。还有科技的发展，向智能化转变。至于未来的发展，其实我所在的公司属于房地产企业，目前国内房地产行业整体的大形势不是很好。不过大湾区还是有比较大的发展空间的，去年也出台了一些规划。期待珠海国际设计周可以组织更具专业性的展览，规模更大，聚集更多的行业资源，为推动大湾区设计影响力做出更大的贡献。

　　钟翔伟： 大湾区是伴随着改革开放成长起来的，这里的设计更加求真务实，凸显中国效率。未来设计行业与大数据的对接会越来越紧密，有更多的设计行业细分产业出现，设计师的专向专业属性会越来越强，入门门槛会越来越高。而专业化的设计服务公司，可能会像深圳一样，在大湾区的土地上遍地开花。

　　要应对这些变化，加强设计人才的培养，应该是以不变应万变最好的方法。还是深圳蛇口码头上立着的那句话——空谈误国、实干兴邦，未来要加强专业型人才培养，扶持高质量技术、工艺企业，对接好工业 4.0。

问题七：
您觉得 70 后、80 后、90 后，不同年代的设计师各有什么特点？

高展辉： 我觉得年轻设计师更有勇气，越来越敢想，越来越大胆；而我们 70 后可能更多的是循序渐进，那时候从低位进入，慢慢地一步一步往上走。而 80 后、90 后，他们进入的是我们建立的平台，高度已经不一样了，所以他们的起点比我们高，敢想的东西会更多。像我们那个年代，买一些设计的书籍，不仅非常贵，而且很难买到，买到以后都非常珍惜，像宝贝一样。而现在要想获得设计资讯，在网上可以很轻松地得到。整个环境变了，生活品质也比之前好很多，所以他们对未来生活的思考会更有感觉。其实现在某种程度上来说，我也经常希望能够更多地跟他们同频。有很多东西是我们都不太了解的，我想站在他们的角度，跟他们玩在一起，感受他们的想法。

桂元龙： 从 1994 年至今，广东轻工职业技术学院的设计学院共培养了 26000 多名设计人才。作为一名设计教育工作者，我在这二十几年间，也教了不少学生，他们毕业后有了自己的事业，生活美满，看到他们的成长，我也感到十分欣慰。总体来说，学设计的孩子为人都比较单纯、正直，而且有追求，工作起来很投入，又讨人喜欢。

比较而言，70 后的学生富于创新精神，比较能吃苦有韧性；80 后的学生更在乎创新的企业文化、公平意识，对财富渴望也要强一点；90 后的学生比较注重个性和自我表达，自主性比较强，不大能承受委屈；00 后的学生思想天马行空，更加敢作敢为。其实每个人都有着自己的独特之处，有其价值所在，时代不同，成长环境不一样。所谓的代际，会留下一些共性，这仅仅是一些大的感觉而已，并不能代表什么。每一代的设计师有每一代人的责任，国家和民族未来的始终希望寄托在年轻人的身上！

戴加安：不好去对比，仅就我个人而言，从工业设计来看，80后这一代的设计师需要发挥承上启下的作用。现在的设计行业发展非常快，我们必须结合早期的书本知识和当下的市场设计需求，去平衡自身的设计作品，找到突破点。并且，80后设计师正处于分工明确的前一阶段，需要了解和懂的东西更多。而近年来，设计领域越来越细分，工业设计就分了好几大板块，CMF（颜色、材料和表面处理）、内部结构等，所以大家面对的市场环境是不同的。

唐云野：我属于90后设计师，但其实这个标签我觉得和年代无关。说起来90后也已经30岁了，正在成为这个社会的中坚力量。我觉得80后90后00后这些有时代感的标签，可能只是不同年代的人，生活背景不同，所表现出的差异化。作为90后，我们这代设计师可能更多得益于父母一辈赶上了高速发展的时代，我们从小就衣食无忧，能更好地去追求自己喜欢的，自己的爱好。我们父母那个年代，可能太多梦想是被生活磨灭了。所以我们这一代人，可能做设计师，更多的初心是源自喜欢。

郑佳奇：作为80后建筑设计师，我们进入社会就已经面对一整套完整的设计体系，并且经历着建筑界的信息爆炸，没有哪个时代比现在更容易获得资讯。80后建筑师比前代建筑师承担了更多的社会角色，从这个角度来说，职业的属性在完善。

何朋：一个时代造就一批人，市场和用户需求导向的转变使得前辈们几乎没有机会去选择，是高度标准化。作为一个 90 后设计师（内心可能是 00 后），感觉自己好幸福，又好幸运，有机会去做选择。

感觉我们这代设计师，骨子里是比较叛逆的，不想随波逐流，比较有想法，而且有个英雄梦。这一代人经历着中国设计遍地开花的时代，时势造英雄嘛，所以都想要改变世界。但是也会发现一件可怕的事情，就是比你优秀的人比你还努力，难以望其项背，身边好多大神前辈，而比起 00 后，又没有他们那么自由，潇洒。

张龄方：我觉得 70 后设计师，积累的经验多，阅历丰富；80 后和 90 后比较接近，可能 95 后会不太一样，更新颖一些。但是设计，尤其是室内设计，施工现场需要考虑很多细节，我觉得不同年代的设计师，经验积累不同。

钟翔伟：我觉得 90 后设计师普遍更理性、创意灵感来源的信息面在成长过程中沉淀得更宽。70 后、80 后最先被改革开放的春风吹到，一瞬间巨量的外来信息，有的是前后两种截然不同的生活环境、思想意识的反差，这代设计师更有闯劲、更狂。00 后成长的环境，社会基本小康了，这代设计师拥有更多的民族自豪感与文化自信。而 90 后设计师则生活在一步步富裕的过程中，成长过程中各类信息摄入量一直都很巨大，不自觉地也就学会了对比和反思。

第三节 粤港澳大湾区设计新势力综述

2021 年，"珠海设计奖 - 大湾区设计力"大奖在延续 2020 年的基础上，增加了设计新势力奖 - 大湾区院校奖的评选，其中包括 5 名大湾区院校奖导师和 5 名大湾区院校奖优秀学生，以及 30 名设计新势力奖。

一、大湾区院校奖

透过 2021 珠海国际设计周大湾区院校奖的评选结果，可以看到大湾区艺术设计院校正在成为有生力量。所谓设计育人，教学相长，师生同心，砥砺前行。大湾区院校的导师与学生，是大湾区设计发展的有力支撑。2021 大湾区院校奖获奖导师与优秀学生如图 6-18 所示。

宗明明
北京理工大学珠海学院设计与艺术学院院长
中国工业设计协会常务理事、中国工程学会工业设计分会常务理事、理事长、珠海设计协会会长

伊尔吾
北京理工大学珠海学院设计与艺术学院数字媒体艺术专业教师，博士在读
要对设计有足够的热爱，离开舒适圈才能成长，挑战新鲜事物，不断深入思考。

姚美康
澳门城市大学硕士研究生导师
广东省装饰行业协会副会长、广东省家具协会副会长，顺德职业技术学院设计学院院长

陈巧丽
澳门城市大学创新设计学院城市规划与设计专业 研究生
针对城市功能和生态资源分布，确定规划，设计沿袭城市的历史文脉，彰显当地建筑的艺术特色

王晓东
深圳大学建筑城规学院研究员
深大本原设计研究中心执行主任、中国建筑学会资深会员、学会高层超高层分会副主任委员

张曼佳
深圳大学建筑与城市规划建筑学本科在读
粤港澳大湾区需要新生力量，共同努力去拓宽创新的边界。

王铬
广州美术学院建筑艺术设计学院副教授、硕士研究生导师
院长助理、空间设计基础教研室主任、省当代城市文化与建筑艺术创新研究中心副主任

何锴
广州美术学院建筑艺术设计学院风景园林专业在读研究生
做一个负责任的设计师；用心坚持，用行动坚持。

陈君倩
北京师范大学珠海校区产品设计专业系主任
开创时尚配饰设计专业方向，并且担任院长助理

谢晓芬
北京师范大学珠海分校产品设计专业皮具设计方向毕业
毕业后陆续创办品牌 DOUBLEX、FENFANCY（芬想），并受邀参加多个国内时装周的发布活动。

图 6-18　2021 大湾区院校奖获奖导师与优秀学生

二、设计新势力奖

设计新势力奖旨在鼓励作品具有概念创新、工艺创新、功能创新且具备市场转化能力的青年设计师。"新"代表着新青年和新思潮，"势力"意味着力量的集合；评选新势力奖，既是为年轻设计师提供一个展示自我的平台，也是寻求设计创新的动力，以此推动大湾区设计产业的新发展。

具体来看，本届设计新势力奖在全国高校优秀毕业设计作品和参加珠海国际设计周毕业设计展的参展作品中进行遴选，最终 30 位年龄在 32 岁以下、作品表现突出或具有可预期成长性的年轻设计师获此奖项。他们有的出身于传统艺术院校，有的来自综合性院校，普遍具备良好的专业设计教育背景，基础扎实。从获奖作品来看，涵盖的领域和主题十分广阔，从人们的日常生活到观念、哲学层面的探讨，同时也具有一定的应用价值，注重艺工融合，运用新材料与新技术。设计新势力奖获奖者如表 6-3 所示。

表 6-3　设计新势力奖获奖者

院校	获奖者	专业	获奖作品
中央美术学院	张可嘉	陈设艺术品设计	《开合之间》
中央美术学院	连桃迩	视觉传达	《字由》
中央美术学院	唐文	家居产品设计	《竹韵》
中央美术学院	闫丹婷	首饰设计	《灰光 Ashen Light》
中央美术学院	贾璐遥	产品设计	《苦寒》
北京工业大学	潘哲	视觉传达设计	《新安源礼品包装与文创设计》
北京师范大学珠海校区	陈月莹	视觉传达设计	《CURE》
北京师范大学珠海校区	毛楷涵	服装与服饰设计	《诟病世界》
北京师范大学珠海校区	陆佳婷	产品设计	《以银杏为主题的灯具设计》

院校	获奖者	专业	获奖作品
北京理工大学珠海学院	关昊	视觉传达设计	《"奇点世界"主题插画设计》
北京联合大学	李嘉悦	服装与服饰设计	《又见平遥》
北京印刷学院	刘瑞琦	视觉传达设计展示设计专业	《度量时间——计时器的演变展》
北京服装学院	郭宗煜	服饰艺术与工程学院	《昆虫授粉计划》
北京服装学院	王冬	服饰艺术与工程学院	《THE ORIGINAL ECOLOGICAL》
江南大学	王思睿	服装与服饰设计专业	《与物赋形 Shaped》
中国传媒大学	张北南	视觉传达设计	《龙契：WHERE IS THE DRAGON》
清华大学美术学院	张一璠	纤维艺术	《一叶一菩提》
清华大学美术学院	蔡领航	环境设计	《时间重构》
清华大学美术学院	王启欣	视觉传达设计	《生死之间—六种哲学生死观的视觉解读》
吉林艺术学院	吴光宇	动漫周边设计	《五虎临门》
北京交通大学	左思学	视觉传达设计	《北京动物园创新视觉设计研究》
北京林业大学	郝梦晗	视觉传达设计	《钦天拾贰岁》
广州美术学院	叶琪安	风景园林	《超级圈——广美复合边界改造》
伦敦大学学院	叶宁	建筑设计	《Phygital housing 物质数字化住宅》
英国谢菲尔德哈勒姆大学	姚雪雯	金属与珠宝设计专业	《自由与正义》
纽约视觉艺术学院	殷祖恒	动画	《777》
美国艺术中心设计学院	高笑凡	产品设计	《Outdoor stray cat feeder》
伦敦艺术大学	千渴尘	数字媒体艺术	《FISH TANK》
马里兰艺术学院	安邦	平面设计	《Once upon a time》
马里兰艺术学院	王秋翰	平面设计	《一花》

新视角，新动力，透过设计新势力奖获奖者的访谈，聚焦新一代设计师的作品，通过新视角审视设计，探索大湾区发展的新动力。

从访谈结果来看，新势力获奖设计师普遍看好大湾区的发展，在他们的印象中，大湾区是繁荣开放，充满活力的城市群，具有重要的国家战略意义。从设计角度来看，工业 / 产品设计、建筑 / 城市设计、纺织服装设计、室内设计、视觉 / 平面设计等领域被他们视为大湾区的强项。而经济实力雄厚，注重创新则成为大湾区发展设计力的根基。这里专业人才济济，科技和产业优势突出，兼具开放性和包容性的国际视野与文化融合，为大湾区设计力的发展带来了广阔前景。

而对于设计新势力，获奖者的理解集中在创新 / 创造力、年轻 / 活力、理念 / 想法这样一些关键词。在他们身上，既能看到探索精神和推动设计发展、打破创作边界的锐气，也有作为新生代，不断学习、注重内涵发展的后劲。因此，对于设计力，他们保持思考，注重提升审美，透过作品分析和不断的实践，以及知识与方法的总结来获得进步。

未来，大湾区提升设计力，除了进一步加强交流合作，推广宣传，注重吸纳人才外，提升设计人才待遇也是一个需要解决的现实问题。而从本次的获奖作品来看，未来的设计在科技和人文两个维度寻求突破，打破专业的边界，不断走向融合。这意味着，技术的应用推动设计创新，掌握新技术的年轻设计师可以用更自由、灵活的创作态度面对挑战，带来全新的解决方案。同时，设计的观念更注重以人为本，注重现代与传统的结合，凸显设计的责任意识。

张可嘉　作品：《开合之间》

这次创作是我尝试结合科技与艺术的一个起点，过程中参考了很多科技行业人士的意见，感受到科技与艺术碰撞出的火花，也证明了这条道路是可行的。目前，我比较关注元宇宙的发展，期待未来的文创设计能产生新的形态。当然，我也一直在高度关注大湾区设计的发展。在我看来，大湾区是一个有充足开放性、高度融合性、超前发展性的区域，是代表城市未来发展的典范，也是设计产业的重要阵地。未来我会更加注重科学与艺术的结合，希望自己成为一个融会贯通的人，也希望有机会，能够成为大湾区设计共创的一员。

贾璐遥　作品：《苦寒》

从过去的传统设计到现代设计再到未来设计，新势力是驱动设计不断焕新的力量。在作品的创作过程中，由于需要机械技术来完成，且涉及电路，这些都是我个人不擅长的领域，因此需要和工厂一起来完成，也由此发现并且解决了许多之前做设计时没有思考过的问题，让我意识到设计过程中合作的重要性。

吴光宇　作品：《五虎临门》

不同于其他设计专业，动漫周边更具融合性，在保留其传统的"动漫属性"和"设计属性"的同时，要发展出新的专业活力。这种多元属性造就了"动漫周边创意"探索、发展的无限可能，是有趣又富有挑战性的工作。在创作中，不同的变化和可能性，为设计师带来强烈的满足感，令人始终保持着创作激情。

叶琪安　作品：《超级圈 - 广美复合边界改造》

风景园林是一个综合性非常强的行业，从前期调研到后期落地，中间需要从美学体验到人文研究、生态与经济领域的支撑。从设计规范到施工工艺，景观设计师如何从众多领域中尝试统筹与运营，需要非常庞大的经验与不断学习的过程，当然这也是景观设计有意思的地方。未来的景观设计不能仅仅关注"造园造景"，要尝试联动多个专业，为城市空间创造更多可能。

高笑凡　作品：《Outdoor stray cat feeder》

产品设计不只满足人们的生活需求，更注重满足用户的情感需求，这不是冰冷生硬的词语。人类的思想和创造力是无限的，这些都通过设计表现出来。虽然做设计有时很疲惫，但是也很充实。最重要的是打开思维，大胆去尝试，多进行审美积累，多看一些各个领域的作品，不要局限自己，要不断寻求突破。

唐文　作品：《竹韵》

人们的生活水平逐渐提高，设计的大环境日趋良好，越来越多从 0 到 1 的设计，在此基础条件下，从图纸走向现实的操作体验。当设计的火花被实践证明时，这些创意点就成为真正的创造力。而"新势力"就是有幸得到一些认可，且被证实为有一定创造力的青年设计师。当然，这些青年设计师仍然需要不断打磨。我认为设计调研很重要，好的产品设计需要对生活细细体验，亲身参与才能做出准确的分析和判断。设计有天才，但没有神童，因为这些生活的智慧需要积累。家居产品是丰富多样的，没有最好的，只有最合适的。希望越来越多的好设计能落地，设计的目的更加单纯。

姚雪雯　作品：《自由与正义》

当代首饰打破了艺术家与工匠之间的壁垒，召唤我们成为自己、表达自己，它是自由的。作为一种贴身的生命体验，当代首饰由原本的工业产品转变为艺术品，逐步去物质化，经历了对世俗社会的审视、对新兴科技的探索和对个人价值的尊重，凝聚成一种有力的精神载体。目前，当代首饰在艺术领域中所占的份额仍然很小，并且有重市场、轻学术的现象。未来，这种价值缺失的问题将会逐渐引起重视，并使中国传统的艺术教育模式得到整体改变。

闫丹婷　作品：《灰光 Ashen Light》

新势力是创新、正能量、独立思考的影响力。大湾区气氛活跃，这里的设计具有创新、年轻、时尚的特点。作为设计师，今后要多看多思考，勇敢试错。

毛楷涵　作品：《诟病世界》

新势力是抛开传统的设计思维、设计方法，用全新的视角将想法变为可行。它需要我们重新审视过去，改变我们对未来的态度。对我而言，一切设计的出发点和落地点都是以人为本的。不论是本科期间的服装设计，还是研究生阶段的用户体验设计，我都拥有大量接触使用者（穿着者）的机会，以他们作为核心主导。比较而言，时尚行业本身有一定的时间沉淀，因此需要设计师们不断提升自身，丰富眼界。而对于用户体验设计或者服务设计而言，设计师要以更加思辨的视角去看问题，不能仅仅保证视觉层面的美观，要更加严谨和有逻辑的构架，需要以用户的核心痛点为出发点。

陆佳婷　作品：《以银杏为主题的灯具设计》

我国的产品设计正处在由"中国制造"向"中国创造"转变的节点。各种新产品都希望以新颖独特的外观和性能，吸引大众的目光，各行各业对设计人才的需求也日渐凸显。随着科学技术的进步，很多行业都发生了巨大改变。未来几年，是学习产品设计的学生最好的时代，因为万事万物都要改变，可以发挥的空间是巨大的。

张北南　作品：《龙契 WHERE IS THE DRAGON》

设计作为人类认识世界、改造世界的思维与实践，是推动人类多元并存的文化图景的重要手段。当今中国正处于百年未有之大变局，全球化日益加剧、世界文明交错互联，设计不但与经济、政治连接互动，在社会交流和发展互助方面更是休戚相关。如何在这样复杂变化的外部环境中发挥作用，是当下设计行业的责任也是机会。

左思学　作品：《北京动物园创新视觉设计研究》

从某种意义上说，设计是一种总结与归纳，设计师就像是布局者。错综复杂的线条，各式各样的块面与色彩，设计师在这些看似零散却不相关的单元个体中，找到它们之间的联系所在，以规律和秩序为骨架，进行创作与表达。设计是一个追求完美但永远无法达到完美的过程，在这个过程中要勇于试错、勇于推翻才能达到更深一层的创新。好设计带来的效益是持久的，具有强大的影响力。我们需要思考设计的价值、未来和责任，想人所想，想人所未想。

王思睿　作品：《与物赋形 Shaped》

新势力是对年轻人的一种认同和支持，肯定他们是驱动设计进步的新生力量。展望未来，元宇宙带来新的趋势，设计逐渐数字化、虚拟化，跨学科交叉的设计将越来越受欢迎。

李嘉悦　作品：《又见平遥》

我的作品灵感来源于我家乡平遥赫赫有名的双林寺彩塑。它工艺精美，技艺精湛，色彩丰富，有浓重的历史厚重感。我设计的初衷是希望能为家乡做些什么，为家乡多多宣传。

陈月莹　作品：《CURE》

品牌设计是综合设计，是多元化的，可以不断延展，能够产生无限的可能性和影响力。我认为这是品牌设计最有魅力的地方。在做任何项目时，我都铭记统一的概念，这样的设计思维方式使我受益匪浅。

潘哲　作品：《新安源礼品包装与文创设计》

大湾区给我的感觉是非常有未来感、科技感、赛博朋克风。做设计是个很漫长又很浪漫的事，你的想法和做出来的东西有可能不一样。要跟进后续的工厂打样，一系列的工序，最后成品出来的那一刻，就觉得一切都值得了。

张一璠　作品：《一叶一菩提》

我觉得大湾区的设计非常有创意，并且符合年轻人的消费观念。我主要从事纤维艺术，这是年轻的艺术形式，在设计和艺术领域都有很大的发展空间，并且可以融合各种柔软的材料和工艺技法，非常的多元。纤维艺术未来的发展前景十分广阔，材料的广度与技艺的深度能够融合经典的传统手工技艺和非常当代的意识观念。

千浥尘　作品：《FISH TANK》

大湾区的设立不仅推动了经济贸易的往来，也促进了设计、人文、科技的交流融合。当下，设计创新不单出现在纸上和笔下，随着数字媒体和科技手段的进步，新势力设计师以及艺术家们的创作愈发多样化。未来的设计正朝着多专业融合的方向发展，而专业融合也是大湾区的优势。各个领域的人才都聚集在大湾区，设计师们有更多的合作选择。

关昊　作品：《"奇点世界"主题插画设计》

视觉传达设计是艺术和市场的碰撞，具有一定的美感与很强的商业属性。随着人们审美意识和水平的提升，市场对艺术设计的需求会增大，对设计能力的要求也会越来越高。在科技与生态的大背景下，传统的设计形式已经逐渐不能满足社会发展带来的需求变化。未来的设计可能会更多地思考设计本身的意义，实现设计价值的真实性。

刘瑞琦　作品：《度量时间——计时器的演变展》

新势力是具有创新思维、勇于实践、能够推动社会向前发展的新生力量，他们积极、团结、自信、乐于探索，新势力奖是对这类年轻人的一种肯定和支持。在我印象里，建筑设计、工业设计、产品设计是大湾区的设计强项，这里具有国际最前沿的设计理念和设计资源，地理位置也吸引着我，相信会有适合我的工作机会。

王启欣
作品：《生死之间——六种哲学生死观的视觉解读》

设计就像修行，不断修正作品的过程也是自身内心成长的过程。什么样的人做什么样的设计，平时生活中的无形积累和思考，对人生的理解深度都会反映到设计作品中。因此，技术是一方面，而重要的是不要忘记在人生过程中持续地保持思考，不断提升人生高度。设计没有唯一正确的答案，它离不开扎实的基本功、长年累月的练习以及清醒和预判意识。

郭宗煜　作品：《昆虫授粉计划》

目前中国的设计行业正在不断成长壮大，资本也认识到了设计的重要性，尊重设计并愿意为设计付费，这也是一种进步。未来大湾区要提升设计力，可以加强对设计师的扶持。毕竟人才是设计力的核心，要吸纳人才，可以推出一些福利政策，因为目前年轻设计师的薪资水平普遍比较低，而日常的消费比较高，所以提升设计师的生活质量可能也是一种比较直接的办法。

结语

2021 年，粤港澳大湾区在复杂多变的国内外形势下（见图 6-19），克服疫情反复的影响，持续推进各项建设工作，设计产业实现稳步发展。这一年，大湾区接棒西安，获得第十五届全运会承办权，大湾区中秋晚会、大湾区哥哥成为热门话题，大湾区正以更为亲民的方式进入公众视野。

6-19 2021 年词云图

从 2019 年的珠海设计共识到 2021 年的系统梳理与深度对话，这是《粤港澳大湾区设计力年鉴》走过的第三个年头。衷心感谢接受采访的获奖单位与个人，感谢提供资料素材的各方支持。由于编者水平有限，加之时间仓促，书中难免存在疏漏与不妥，诚望广大读者指正。

凝心聚力，交流互鉴。一起见证发展，共创大湾区设计的美好未来！

参考文献

[1] 广东省统计局，国家统计局广东调查总队 . 2021 广东统计年鉴 [M]. 北京：中国统计出版社，2021.

[2] 编辑组 . 中华人民共和国国民经济和社会发展第十四个五年规划和 2035 年远景目标纲要 [M]. 北京：人民出版社，2021.

[3] 国务院第七次全国人口普查领导小组办公室 . 2020 年第七次全国人口普查主要数据 [M]. 北京：中国统计出版社，2021.

[4] 谢伟东，何静文 . 10 个关键词，看广东推进大湾区建设新成效 [EB/OL]. (2021-01-17)，[2022-07-01]. https://economy.southcn.com/node_14d38ae8d1/ddc6e76007.shtml.

[5] 何梓阳 . "跨境理财通"来啦！政策要点一图读懂 [EB/OL].(2021-09-15)，[2022-07-01]. http://www.cnbayarea.org.cn/policy/policy%20analysis/content/post_582547.html.

[6] 黄浩博 . 广东工业设计崛起：促文创与制造相融，撬动高附加值"创造"[EB/OL]. (2022-02-11)，[2022-07-01].https://m.21jingji.com/article/20220211/herald/34a7a9a183961df077db27f8f10dde34.html.

[7] 广州市统计局，国家统计局广州调查队 . 2021 年广州市国民经济和社会发展统计公报 [R]. 广州：广州市统计局，2022.

[8] 深圳市统计局 . 图解：2021 年深圳市经济运行情况 [EB/OL]. (2022-01-28)，[2022-07-01]. http://tjj.sz.gov.cn/zwgk/zfxxgkml/tjsj/sjs/content/post_9545425.html.

[9] 陈永健，文美琪 . 香港设计业概况 [R]. 香港：香港贸发局，2021.

[10] 香港特别行政区政府统计处 . 2021 年本地生产总值 [R]. 香港：政府统计处，2022.

[11] 澳门统计暨普查局 . 澳门经济适度多元发展统计指标体系分析报告 [R]. 澳门：澳门统计暨普查局，2022.

[12] 珠海市统计局，国家统计局珠海调查队 . 2021 年珠海市国民经济和社会发展统计公报 [R]. 珠海：珠海市统计局，2022.

[13] 东莞市统计局，国家统计局东莞调查队 . 2021 年东莞市国民经济和社会发展统计公报 [R]. 东莞：东莞市统计局，2022.

[14] 佛山市统计局，国家统计局佛山调查队 . 2021 年佛山市国民经济和社会发展统计公报 [R]. 佛山：佛山市统计局，2022.

[15] 中山市统计局，国家统计局中山调查队 . 2021 年中山市国民经济和社会发展统计公报 [R]. 中山：中山市统计局，2022.

[16] 隋胜伟，余兆宇 . 中山游戏游艺产业如何转型升级？这个产业园迈出探索步伐 [EB/OL].(2021-11-26)，[2022-07-01] http://www.zsnews.cn/index.php/news/index/view/cateid/35/id/677132.html.

[17] 惠州市统计局，国家统计局惠州调查队．2021 年惠州市国民经济和社会发展统计公报 [R]．惠州：惠州市统计局，2022.

[18] 江门市统计局，国家统计局江门调查队．2021 年江门市国民经济和社会发展统计公报 [R]．江门：江门市统计局，2022.

[19] 肇庆年鉴编纂委员会．肇庆年鉴 2021[M]. 郑州：中州古籍出版社，2021.

[20] United Nations, Department of Economic and Social Affairs. The World's Cities in 2018 [R]. New York: United Nations, 2019.

[21] 高博．这些"细节"让中国难望顶级光刻机项背 [N]. 科技日报，2018-4-19(01).

[22] World Intellectual Property Organization. Global Innovation Index 2021 [R]. Geneva: World Intellectual Property Organization, 2022.

[23] 广东省人民政府．《广东省生态文明建设"十四五"规划》[R]．广州：广东省人民政府，2021.

[24] 文化和旅游部，粤港澳大湾区建设领导小组办公室，广东省人民政府．《粤港澳大湾区文化和旅游发展规划》[R]．广州：广东省人民政府，2021.

[25] 上海软科教育信息咨询有限公司．《2021 年中国大学专业排名》[R]．上海：上海软科教育信息咨询有限公司，2021.